Erlebnis-Zoo Hannover

Entdecken Sie mit uns Deutschlands spektakulärsten Tierpark

park scout
FREIZEITFÜHRER

VISTA POINT

Tiere erleben wie sonst nirgendwo – Erlebnis-Zoo Hannover
ERLEBNIS
ZOO
HANNOVER

Wir freuen uns auf Sie

Pinguin Paulchen und Zoodirektor Klaus-Michael Machens

Herzlich willkommen im Erlebnis-Zoo Hannover! Entdecken Sie 2 600 Tiere in vier einzigartigen, aufwändig gestalteten Erlebniswelten: in der afrikanischen Flusslandschaft Sambesi, auf dem imposanten Gorillaberg, im prächtigen Dschungelpalast und auf dem urigen Meyers Hof.

Der *Erlebnis-Zoo Hannover* ist einer der ältesten und traditionsreichsten Zoos der Welt. Und er ist gleichzeitig der Zoo der Zukunft: modern, spannend, unterhaltsam, überraschend und informativ. In nur fünf Jahren hat sich der Zoo von einem herkömmlichen Tiergarten zu einem der attraktivsten Zoos der Welt gewandelt. 1994 fing alles mit einer Vision an: Wir wollten Menschen für Tiere begeistern! Unzählige Tierarten sind in freier Wildbahn vom Aussterben bedroht, manche Zootiere zählen bereits zu den letzten ihrer Art. Höchste Zeit zu handeln! Unsere Philosophie: „Nur was Menschen kennen, werden sie lieben. Nur was Menschen lieben, werden sie schützen."

Seitdem haben wir mit viel Liebe zum Detail vier große Themenbereiche geschaffen und die (Zoo-) Welt ein wenig verändert. Die Bootsfahrt auf dem Sambesi bringt Ihnen Giraffen, Zebras, Nashörner und Flusspferde so nah wie noch nie. Im prächtigen Dschungelpalast werden Sie von den majestätischen Tieren Asiens verzaubert. Der Pfad auf den Gorillaberg lässt Sie auf den Spuren der Evolution vom Menschenaffen zum Menschen wandeln. Und auf Meyers Hof entdecken Sie inmitten ländlicher Idylle pummelige Pommergänse und putzige Protestschweine. Schon bald soll mit Yukon Bay auch die raue Schönheit Alaskas mit dem Ruf der Wildnis in den Erlebnis-Zoo locken!
Unsere Tiere und wir – das Team des *Erlebnis-Zoo Hannover* – möchten Sie für ein neues Miteinander von Mensch und Tier gewinnen: Mit unterhaltsamen Shows, kommentierten Fütterungen, spannenden Erlebnisführungen und unvergesslichen Begegnungen – haben Sie

einem Pelikan schon einmal den Hals gekrault oder einem Flusspferd direkt in die Augen geblickt? Wir stellen Ihnen unsere tierischen Schützlinge auf einzigartige Weise vor!

„Wir", das ist das Team des Erlebnis-Zoos. Neben unseren 2 600 tierischen Kollegen haben rund 300 menschliche Mitarbeiter vor und hinter den Kulissen Spaß daran, das Zoo-Abenteuer jeden Tag aufs Neue zu leben und unseren Gästen einen rundum gelungenen Tag zu gestalten. Unser Team besteht aus Tierpflegern, Zoo-Scouts, Kellnern, Köchen, Tierärzten, Sekretärinnen, Zoologen, Gärtnern, Buchhaltern, Marketingspezialisten, Controllern, Kassierern, Schauspielern, Handwerkern, Soziologen, Ingenieuren, Event-Managern, Juristen, Bootsleuten und einer flinken Reinigungstruppe. Wir alle geben uns „tierisch viel" Mühe, damit Sie sich bei uns wohl fühlen!

In diesem Sinne hoffen wir, dass Sie gemeinsam mit uns den *Erlebnis-Zoo Hannover* entdecken. Mit diesem Reiseführer und Tierlexikon sind Sie bestens für Ihre abenteuerliche Expedition ausgerüstet! Wir wünschen Ihnen viel Spaß auf Ihrer literarischen Reise und einen unvergesslichen Tag im Zoo!

Herzlichst, Ihr

Klaus-Michael Machens
Zoodirektor

Nur was Menschen kennen, werden sie lieben.
Nur was Menschen lieben, werden sie schützen.

Philosophie des Erlebnis-Zoo Hannover

Vorwort

Liebe Leserin, lieber Leser,

nach den Erfolgstiteln „Freizeitparks in Europa“ und „Disneyland Resort Paris – Entdecken Sie mit uns das Königreich der Maus“ freuen wir uns, mit diesem Buch einmal eine andere Freizeitdestination vorstellen zu dürfen. Während unserer Arbeit an diesem Buch über den *Erlebnis-Zoo Hannover* haben wir nicht nur die Tiere kennen und lieben gelernt, sondern konnten uns auch über die Bedeutung der Natur für unser Leben bewusst werden lassen.

In diesem Buch erfahren Sie alles über die Entstehung und die bewegte Geschichte des Zoos, der heute jährlich über eine Million Besucher zählt. Neben Beschreibungen der einzelnen Themenwelten finden Sie außerdem interessante wie kurzweilige Informationen über die Tiere im Zoo, Gastronomie, Shopping, Events und weitere Angebote.

Das Parkscout-Team wünscht Ihnen noch einen schönen Aufenthalt im *Erlebnis-Zoo Hannover* und viel Spaß mit diesem Buch!

Ihr Parkscout-Team
www.parkscout.de

Wir bedanken uns für die freundliche Unterstützung bei den Mitarbeitern des *Erlebnis-Zoo Hannover*.
Für Fragen, Anregungen oder auch Kritik stehen wir Ihnen per Mail unter redaktion@parkscout.de gerne zur Verfügung.

Die Macher und Autoren

Konzeption

Alf Brünn

Der Gründer und Chefredakteur von Parkscout.de, Europas führendem Freizeitpark-Portal im Internet, ist bereits seit 16 Jahren in der europäischen Freizeitparkbranche tätig und konzeptionell für dieses Buch verantwortlich.

Achim Schefczyk

Der Familienvater aus Bonn ist der wichtigste Formgeber hinter den Kulissen des Buches. Sein Metier sind die Fotoauswahl und –bearbeitung sowie das Buchlayout. Mit Maus und Geduld verleiht er den Parkscout-Produkten das ganz besondere Etwas.

Autoren

Markus Dietrich

Der freiberufliche Autor aus Köln hat langjährige Erfahrung darin, auch umfangreiche Themen leicht verständlich und locker formuliert dem Leser nahe zu bringen. Sein besonderer Humor hat bereits beim Entstehen des Buches für so manches Schmunzeln gesorgt.

Jürgen Meinerzhagen

Der Finanzwirt aus Schleiden in der Eifel ist Initiator dieses Buches und darüber hinaus auch ein viel gefragter Freizeitpark-Experte für Radio- und TV-Produktionen sowie Autor verschiedener Fachpublikationen über Freizeitparks.

Marcel Ringhoff

Der Parkscout-Redakteur hat ein besonderes Gespür für Worte und ist immer mit der Kamera unterwegs durch Freizeitparks und Zoos, um für das passende Bildmaterial zu sorgen.

Jürgen Eich

Der Technikchef von Parkscout sorgt nicht nur für den reibungslosen Einsatz der nötigen Hardware bei der Erstellung der Parkscout-Produkte, sondern ist ganz nebenbei auch wichtigster Kritiker des Autoren-Teams.

Über dieses Buch

Wo finde ich was und wie?

Vielen Dank für den Kauf dieses Freizeitführers über den *Erlebnis-Zoo Hannover*. Bei der Erstellung des Buches haben wir uns bemüht, dieses so zu gestalten, dass Sie einerseits bei Ihrem Besuch vor Ort die Informationen finden, die Sie suchen, andererseits aber auch nach Ihrer Heimreise eine interessante Lektüre haben, die Ihnen Wissenswertes über Entstehung und Geschichte des Tierparks, die Tiere und nicht zuletzt die Menschen, die hier arbeiten bietet.

In der vorderen Buchklappe finden Sie einen Übersichtsplan, auf dem sämtliche Tiere, Shows, Restaurationen und weitere Servicepunkte zu finden sind. Informationen zu den Tieren finden Sie im Tier A-Z im hinteren Teil des Buches sowie in den ausführlichen, nach Themenbereichen geordneten Artikeln. Bitte beachten Sie, dass im Tier A-Z auch Tiere erfasst sind, die keinem festen Themenbereich zugeordnet wurden.

Wenn Sie etwas tiefer in die Materie *Erlebnis-Zoo Hannover* einsteigen möchten, werden Sie die Artikel über die Historie ab dem Gründungsjahr 1865 interessant finden und sich auch über den Hintergrundbericht zum zukünftigen Themenbereich Yukon-Bay freuen. Natürlich darf das wichtige Thema Artenschutz nicht fehlen – insbesondere, da sich der *Erlebnis-Zoo Hannover* in diesem Bereich sehr aktiv einsetzt und eigene wertvolle Zuchterfolge bedrohter Arten vorweisen kann.

Der *Erlebnis-Zoo Hannover* ist ein Ausflugsziel für die ganze Familie, und so ist besonders an die kleinsten Zoobesucher gedacht worden: Wir verraten Ihnen, wo es die besten Spielmöglichkeiten gibt und was sich in der Brodelburg versteckt… Lesen Sie in den entsprechenden Artikeln mehr darüber.

Parkscout-Tipp

Hallo, ich bin **Tatzi Tatz** und gebe Ihnen immer richtig tolle (Parkscout-)Tipps – also achten Sie auf mich, dann haben Sie noch viel mehr Spaß im Erlebnis-Zoo Hannover.

Wie Sie sicher gleich bemerken werden, haben wir das Buch in unterschiedliche Bereiche aufgeteilt – genauso, wie es der Zoo auch gemacht hat. Damit Sie immer sehen, wo Sie sich befinden, haben wir den Bereichen Farben gegeben. Welche Farbe zu welchem Bereich gehört, habe ich Ihnen hier unten mal aufgemalt:

- **Sambesi**
- **Dschungelpalast**
- **Gorillaberg**
- **Meyers Hof**
- **Shows**
- **Allgemeines**
- **Yukon Bay**

Ach übrigens: Der Kasten hier, in dem Sie gerade lesen, ändert seine Farbe auch immer passend – genauso wie die Überschriften und andere Details – achten Sie also mal darauf.

208 Seiten tierisches Lesevergnügen

Abenteuer für zu Hause...

Sie haben einen schönen Tag bei uns verbracht und möchten ein Stück „Erlebnis-Zoo“ mit nach Hause nehmen? Dann besuchen Sie unsere Souvenir-Shops im Zoo!

Rundum die Uhr geöffnet ist auch unser Internet-Shop unter www.zoo-hannover.de

24 Stunden für Sie geöffnet – der Internet-Shop unter www.zoo-hannover.de

Smith & Johnson's Trading Station

Stöbern Sie durch die afrikanische Handelsstation und entdecken Sie abenteuerliche Safarisouvenirs!

Palast-Basar im Dschungelpalast

Erstehen Sie ein Stück Fernost: von indonesischen oder thailändischen Souvenirs bis hin zu prächtigen Sarees.

Hofladen im Streichelland

Landliebe zum Mitnehmen. In unserem Hofladen finden Sie niedliche Plüschtiere, ländliches Geschirr und natürlich das Tierfutter für das Streichelland.

Tatzi-Tatz-Wunderland

Viel Abwechslung für die Kleinen: Hier warten flauschige Plüschtiere und witzige Tierfiguren darauf, ein neues Zuhause zu finden.

ERLEBNIS ZOO HANNOVER

Die Historie des Zoo Hannover

Die bewegte Geschichte von 1865 bis zum letzten großen Umbruch

Lange bevor über die Gründung eines Zoos in der heute bekannten Form überhaupt nachgedacht wurde, beschäftigten sich die Menschen mit kaum mehr als der heimischen Fauna. Reisende, die von ihren aufregenden Abenteuern in fernen Ländern manch schauerliche Geschichte zum Besten gaben, wurden teils belächelt, teils wurden die ausgeschmückten Erzählungen den Märchen gleichgesetzt. Tiere mit meterlangen Hälsen oder Katzentiere, die im Stande wären, ausgewachsene Rinder zu jagen – unglaublich.

Erst im Mittelalter, als Schausteller mit zahmen Braunbären oder Affen durch die Lande zogen, schienen die Legenden realer zu werden und man interessierte sich immer mehr für diese ungewöhnlichen Geschöpfe. Mit der Ausweitung des Außenhandels und der zunehmenden Erschließung ferner Länder durch die Schifffahrt waren es Seeleute, die immer mehr wilde Tiere mit nach Europa brachten. Bei den Schaustellern waren die Tiere heiß begehrt und so dauerte es nicht lange, bis ab Mitte des 16. Jahrhunderts immer größere Menagerien, wandernde Tierausstellungen, umherreisten. Diese präsentierten dem zahlenden Publikum dann neben Löwen und Tigern verschiedene Affenarten, Kamele, Papageien, Krokodile und viele andere Exoten.

Die ersten stationären Ausstellungen gab es schließlich in England und Holland. Mag man über den Wert dieser ersten Versuche, den Menschen die Tierwelt und das Wissen darüber näher zu bringen, durchaus streiten (über die wenig artgerechte Haltung erst recht), so dienten die Anschauungsobjekte doch vielen Künstlern und Wissenschaftlern der damaligen Zeit als willkommene und gern genutzte Gelegenheit, ihr Wissen ausführlich zu erweitern.

Die ersten Zoos entstehen

Noch während im 19. Jahrhundert die Wandermenagerien ihr Publikum anzogen, gründete man in Europa die ersten richtigen Zoos im heutigen Sinne. Neben denen in London (gegründet 1828), Amsterdam (1838) oder Paris (1854), wurden auch in Deutschland Tiergärten eröffnet. Die ersten Zoos auf deutschem Boden entstanden in Berlin (1844), Frankfurt (1858), Köln (1860) und Dresden (1861). Schnell erfreuten sich diese Einrichtungen wachsender Beliebtheit – so sah man in Frankreich in der besseren Haltung der Tiere, die nicht mehr ausschließlich in engen Käfigen gehalten wurden, eine Fortführung der französischen Revolution: Freiheit, Gleichheit und Brüderlichkeit eben auch für die Tierwelt.

Die bewegte Geschichte von 1865 bis zum letzten großen Umbruch

Ein Zoo für Hannover

Der Hannoveraner Bürgervorsteher Dr. Hermann Schläger war es, der am 15. November des Jahres 1860 in einem Vortrag vor der Naturhistorischen Gesellschaft in Hannover die Gründung eines Zoologischen Gartens anregte.
Seiner Meinung nach konnten ausgestopfte Tiere in Museen nicht genügend zum Wissen über die Natur beitragen. Nur lebendige Tiere könnten Jugend, Künstlern und Wissenschaft wirkliches Anschauungsmaterial liefern. Mit Blick auf die Tiergärten in London, Berlin und Frankfurt merkte er an, dass auch in wirtschaftlicher Sicht ein gutes Ergebnis zu erzielen sei – vorausgesetzt, man würde genügend aufbieten, um den Zoo zu einem beliebten Ausflugsziel zu machen.
Trotzdem setzte man zur Prüfung der Wirtschaftlichkeit eine Kommission ein, die das Projekt schließlich befürwortete, mit der Stadtverwaltung ein geeignetes Grundstück suchte und diese um weitere Unterstützung bei dem Vorhaben bat. Die Grundstückssuche erwies sich als kniffelige Angelegenheit:
Ein ausreichend großer Platz sollte zur Verfügung stehen, der dennoch nicht zu weit vom Stadtkern entfernt wäre – öffentliche Verkehrsmittel gab es natürlich noch nicht und Kutschfahrten waren teuer. Der Zoo musste also zu Fuß erreichbar sein.
Der Weinhändler Georg Schultz, neben Dr. Hermann Schläger Mitglied in der Kommission, befürwortete energisch ein Waldgrundstück in Hanebuths Block und setzte sich mit seinen Argumenten schließlich durch. Im Juni 1863 entschieden die städtischen Kollegien, zwölf

Antilopenhaus aus dem Jahr 1892

Die bewegte Geschichte von 1865 bis zum letzten großen Umbruch

Morgen Land zum symbolischen Pachtpreis von einem Taler pro Jahr an den Aktienverein für den zoologischen Garten zu verpachten. Vertraglich wurde eine Unkündbarkeit für die nächsten 50 Jahre vereinbart. Später, kurz nach der Öffnung des Zoos, genehmigte der Magistrat dann eine Erweiterung um weitere 15 Morgen, um neben einem Raubtierhaus noch ein Gehege für Rehwild zu verwirklichen. Zwar übernahm die Stadt weiterhin keine rechtliche oder finanzielle Verantwortung, zeigte aber durch die Genehmigung, dass sie den Zoologischen Garten für förderungswürdig hielt.

Finanzielle und organisatorische Anfänge

Relativ ungewöhnlich für die damalige Zeit war der Plan, zur Finanzierung des Zoos einen Aktienverein zu gründen. Ziel sollte es sein, dem Bürger ein gewisses Mitspracherecht zu geben, ihm das Gefühl zu vermitteln, dass der Zoo allen gemeinsam gehört – zumindest den Aktionären. Andererseits wurde ein Mitspracherecht der Stadt und vor allem des Königs ausgehebelt, zu dessen politischen Gegnern die Gründungsmitglieder Schultz und Schläger gehörten. 50 000 Aktien zum Stückpreis von 20 Talern wurden aufgelegt und fanden auch zunächst sehr großen Zuspruch: Bereits drei Monate nach der Ausgabe der Beteiligungen waren 23 000 Stück verkauft. Somit konnte zum 25. Februar 1863 die Gründungsversammlung einberufen werden.

Leider schaffte man es jedoch nicht, zahlungskräftige Angehörige des

Raubtierhaus um 1900

Die bewegte Geschichte von 1865 bis zum letzten großen Umbruch

Wo sollten die Tiere untergebracht werden, wenn noch keine Gehege und Zwinger fertig gestellt waren? Als Provisorium sollte eine eiligst umgebaute Gartenwirtschaft in der Nähe der Zoobaustelle dienen – und weitere Neuankömmlinge aufnehmen. Tiergeschenke wurden immer häufiger, nachdem sich die Gründung des Zoos herumgesprochen hatte. Der provisorische Zoo entwickelte sich dann erfreulicherweise schnell zu einem wahren Publikumsliebling. Die Einnahmen waren mehr als ausreichend, um die Kosten für die Angestellten, Futter und weitere Umbauten zu tragen. Dank „Butz“ und „Petz“, wie die kleinen Bären getauft wurden, waren in den ersten drei Monaten über 7 000 Menschen gekommen. Verwaltungsratsmitglied Georg Schultz machte sich ein Vergnügen daraus, die beiden Bären täglich aus dem Käfig zu holen und mit ihnen spazieren zu gehen – bis sie schließlich zu groß wurden und die Nähe zu den Besuchern zu gefährlich geworden wäre.

Adels von einem Kauf von Aktien zu überzeugen – selbst König Georg V., der dem Hamburger Zoo immerhin zu dessen Eröffnung zwei Pumas geschenkt hatte, verweigerte sich dem Tiergarten in seiner eigenen Residenzstadt. Nachdem dann auch größere Investitionen aus dem Kreise der Unternehmer ausblieben, hielten sich auch Kleinaktionäre mit dem Anteilskauf zurück. Sonderlich positiv war es zu Beginn nicht gerade um den Zoo bestellt.

Geschenke bringen Glück

Einen unerwarteten Wendepunkt markierte ein Geschenk des Königs. Dieser ließ dem noch im Bau befindlichen Zoo im Juni 1863 zwei junge Braunbären zukommen – was den Verwaltungsrat in organisatorische Schwierigkeiten brachte.

Wie bringt man Tiere artgerecht unter?

Während die früher gegründeten Zoos, zum Beispiel in Berlin oder Amsterdam, noch als reine Ausstellungsanlagen konzipiert waren,

Die bewegte Geschichte von 1865 bis zum letzten großen Umbruch

Publikumslieblinge um 1910:
Elefant Kaspar und Flusspferd Jeko

sollte der neue Zoo in Hannover sich deutlich artgerechter präsentieren. Die Aufgabe für den beauftragten Architekten Wilhelm Lüer war es also, den Tieren einen ihrer Natur entsprechenden Lebensraum zu schaffen und dies gleichzeitig mit den ästhetischen Ansprüchen der Zoobesucher zu vereinbaren.

Das Gelände, das Wilhelm Lüer zur Verfügung stand, war für seine Visionen ideal: ein Bestand alter Bäume, in den der Tiergarten stimmig eingefügt werden konnte. Hier und dort sollten Lichtungen geschlagen und so Platz für Gehege, Wege und Gebäude geschaffen werden. Bereits während der Planungsphase schnellten die voraussichtlichen Baukosten in die Höhe: Waren zu Beginn noch 17 000 Taler veranschlagt worden, berechnete man aufgrund Lüers erster Entwürfe bereits fast das Doppelte, nämlich 30 000 Taler. Der Architekt sah vor, einige bis dahin in Deutschland noch nicht gesehene Anlagen wie eine künstliche Felsenanlage und eine große Vogel-Voliere zu errichten.

Die Pläne wurden am 12. September 1863 von den Aktionären unter Beifall genehmigt, so dass kurz darauf die Bauarbeiten tatsächlich beginnen konnten. Und obwohl der Zoo bei Eröffnung dann schließlich schon die stolze Summe von 43 000 Talern gekostet hatte, wurde der fertige Tier-

Die bewegte Geschichte von 1865 bis zum letzten großen Umbruch

Oberinspektor Carl Eiffert vor der im Zweiten Weltkrieg zerstörten Flusspferdanlage

garten begeistert aufgenommen. Leider stellte sich im Laufe der nächsten Monate heraus, dass sich trotz der optischen Schönheit der Anlagen bei der Planung einige Fehler eingeschlichen hatten, die etwa die freie Sicht auf die Tiere oder teilweise die Reinigung der Tierunterkünfte erschwerten. Obwohl die Beseitigung der Mängel und der Bau weiterer Anlagen, wie Kamelhaus und Raubtierhaus, noch einmal 10 000 Taler verschlangen, stellte sich der Verwaltungsrat jedoch, trotz größer werdender Kritik, weiterhin hinter den Architekten Wilhelm Lüer.

Im Laufe der folgenden Jahre änderten sich nach und nach die Ansichten über eine artgerechte Tierhaltung. Während Lüers Bauten noch von Ästhetik und dem Nachempfinden der, in den Köpfen der Menschen verankerten, natürlichen Umgebung der Tiere geprägt waren, entwickelte sich nun alles in Richtung auf den ersten Blick nüchterner Anlagen. Moderne Gehege sollten die Tiere fordern, ihnen Gelegenheit geben, die Hufe und Hörner abzunutzen und sich in der Anlage zu verstecken, wenn dies nötig erschien.

Obwohl die späteren Bauten also, zumindest in den Augen der Besucher, einen Rückschritt bedeuteten, gaben doch die Ergebnisse wie längere Lebensdauer, bessere Gesundheit der Tiere und nicht zuletzt die Fortpflanzungserfolge den späteren Architekten Recht. Durch das heutzutage wesentlich größere Wissen über die Bedürfnisse der Tiere und über modernste Technik ist es inzwischen möglich, die beiden Vorstellungen zu vereinen, einerseits die Natur detailgetreu nachzubilden und andererseits den Tieren einen nahezu perfekten Lebensraum zu bieten.

Zerstörtes Elefantenhaus im von Bombentrichtern übersäten Zoogelände

Die bewegte Geschichte von 1865 bis zum letzten großen Umbruch

Finanzielles Auf und Ab

Von der Gründung an hatte der Zoo mit finanziellen Problemen zu kämpfen. Waren es anfangs die immensen Baukosten, die an Nerven und

Völkerschau 1926

Geldbeutel der Beteiligten zehrten, waren es später auch geringe Besucherzahlen, die für sorgenvolle Gesichter sorgten.
Während der Zeit des deutsch-französischen Krieges 1870/71, als die Bevölkerung nicht an Zoobesuche dachte, beliefen sich die Schulden des Zoos auf 9 000 Taler, und weitere 20 600 Taler wurden an Betriebskosten benötigt. Durch eine Lotterie, die im Jahre 1876 veranstaltet wurde, schaffte es der Zoo aber, stolze 46 000 Mark, wie die neue Währung nach dem Krieg nun hieß, einzunehmen und so einen Teil der drückenden Schuldenlast zu tilgen.

Letztlich die Rettung brachte dann aber erst der wirtschaftliche Aufschwung ab dem Jahre 1878, als sich die Bevölkerung auch wieder Vergnügungen leisten konnte. Hinzu kam die heute abenteuerlich anmutende Idee, neben Tieren auch Menschen auszustellen: Die Völkerschauen, bei denen afrikanische Stämme, Indianer oder Kirgisen präsentiert wurden, erwiesen sich als wahre Publikumsmagnete.

Durch Verbesserung der Gastronomie gelang es außerdem, wieder mehr Dauerkarten zu verkaufen und mit den daraus resultierenden festen Einnahmen nicht nur andere Zoos zu überholen, sondern vor allem wieder investieren zu können. Nach dem Ersten Weltkrieg fiel der Zoo in ein erneutes finanzielles Loch, zudem waren die Tierbestände drastisch zurückgegangen. Neben Plänen, den Zoo durch einen angeschlossenen Vergnügungspark attraktiver zu machen, wurde eine Übernahme durch die Stadt Hannover in Erwägung gezogen. Nach langem Hin und Her einigte man sich schließlich auf die Übernahme und der Zoo ging inklusive aller Schulden in städtischen Besitz über. Das Engagement für den neuen Besitz hielt sich jedoch deutlich in Grenzen. Der Zoo wurde von 1922 bis 1924 sogar geschlossen und sämtliche Tiere wurden verkauft.

Kriege und Neuanfänge

In den Augen der Bevölkerung Hannovers war die Schließung des Zoos ein herber Verlust. Als sich im Frühjahr 1924 wieder ein Silberstreif am Horizont der wirtschaftlichen

Die bewegte Geschichte von 1865 bis zum letzten großen Umbruch

Lage zeigte, war schnell eine Bürgerinitiative gegründet, die sich für die Wiedereröffnung des Zoos stark machte. Hier sei besonders der Studienrat Otto Müller genannt, der mit viel Enthusiasmus und unkonventionellen Ideen für raschen Erfolg des bald florierenden Zoos sorgte. Zusammen mit dem Tierhändler Hermann Ruhe wurde ein großer Tierbestand aufgebaut.

Waren die Tiere aufgrund besonderer Vereinbarungen mit Ruhe zunächst eher als Leihgabe zu verstehen, konnte man nach erfolgreichen Werbeaktionen Müllers die Tiere erwerben und umfangreiche Umbaumaßnahmen vornehmen. So hatte Müller etwa die Ankunft der Tiere medienwirksam filmen und in Kinosälen präsentieren lassen. Erweiterungen der Tiergehege trafen offenbar den Geschmack der rasch mehr werdenden Besucher. Maßnahmen, die dem Bauamt so manches Kopfzerbrechen bereiteten, blieben jedoch aufgrund der offensichtlichen großen Erfolge ohne Folgen für Otto Müller.

Später wurde der Zoo dann von dem Tierhändler Hermann Ruhe gepachtet und unter Bezuschussung der

Stadt weitergeführt.
Der Beginn des Zweiten Weltkrieges blieb für den Betrieb des Zoos zunächst ohne Folgen, selbst die Besucherzahlen nahmen anfangs kaum ab – Zerstreuung war offensichtlich notwendig und willkommen. Bei schweren Bombenangriffen am 8. Oktober und 18. November 1943 wurde der Zoo jedoch weitgehend zerstört und musste 1944 wiederum bis zur Beseitigung der Kriegsschäden im Mai 1946 geschlossen werden.

Links: Gorillagehege 1980
Mitte: Nashornanlage 1970
Rechts: Ententeich 1960

Der neue Erlebnis-Zoo

ERLEBNIS ZOO HANNOVER

Von der grauen Maus...

Der Zweite Weltkrieg hatte verheerende Spuren hinterlassen: Die Gebäude und Gehege waren zu großen Teilen zerstört. Nun musste zunächst die Frage geklärt werden, ob der Zoo unverändert wieder aufgebaut oder neu gestaltet werden sollte. Man entschied sich für die Neugestaltung und die Idee, erstmals auf eine komplette Umzäunung vieler Tiergehege zu verzichten.

Durch jahrelange Beobachtung hatte man festgestellt, dass oftmals ein „symbolischer Graben“ ausreichte, um die Tiere in ihrem Gehege zu halten. Obwohl Antilopen zum Beispiel einen zwei Meter breiten Graben ohne Probleme überspringen könnten, blieben diese trotzdem in „ihrem“ Gehege, da sie sich dort sicher fühlten und ihre Bedürfnisse nach Nahrung und Gesellschaft befriedigt wurden.
Dieses „Hannoversche Grabenprinzip“ wurde nach und nach auch von anderen Zoos weltweit aufgegriffen.

Betreiberwechsel – der Zoo in öffentlicher Hand

Im Jahr 1971 entschied sich die Stadt Hannover dafür, den Pachtvertrag mit der Firma Ruhe nicht mehr zu verlängern. Die Tierpfleger wurden von der Stadt jedoch übernommen. Die zunehmende Motorisierung der Bevölkerung sorgte dafür, dass sich das Einzugsgebiet des Zoos erweiterte und die Besucherzahlen anstiegen.

Im Jahr 1975 erreichte man sogar fast die magische Million – ein Zeichen dafür, dass das neue Konzept des Zoos Anklang fand. Leider musste man in den folgenden Jahren aber feststellen, dass mit Freizeitparks, Safariparks und den modernen Sporteinrichtungen eine starke Konkurrenz heranwuchs, die die hart erarbeiteten Rekorde wieder schmelzen ließ – innerhalb von sechs Jahren schrumpften die Besucherzahlen wieder um ein Viertel. Hinzu kamen Umweltauflagen, die den Betrieb des Zoos dauerhaft verteuern

sollten. Eine erneute komplette Umstrukturierung erschien unumgänglich.

Zeitsprung – die 90er

Noch zu Beginn der 90er Jahre war es um die Zukunft des hannoverschen Zoos nicht gut bestellt. Nach einer langen, von wechselhaftem Verlauf geprägten Geschichte befand er sich erneut in einer existenzbedrohenden Krise. Im Wettbewerb mit privaten Freizeiteinrichtungen waren Investitionen notwendig, für die keine finanziellen Mittel zur Verfügung standen: Parallel zum Besucherrückgang kürzte auch die Stadt die Zuschüsse von 7 Millionen DM 1991 auf nur noch 2,8 Millionen DM 1993.

Um den Zoo erneut zu retten, entschied man sich dazu, den Tiergarten in eine GmbH einzubringen und an den Kommunalverband Hannover zum symbolischen Preis von einer Deutschen Mark zu verkaufen. Ein Planungsteam sollte nun herausfinden, wo die Stärken und Schwächen des Zoos lagen – insbesondere mit Blick auf die überregionale Konkurrenz.

Das Ergebnis überraschte: Trotz oftmals deutlich höherer Preise erfreuten sich die privaten Mitbewerber reger Publikumsgunst und hoher Besucherfrequenzen. Die Lösung konnte somit nur lauten, nicht an der Kostenschraube zu drehen, sondern das eigene Angebot deutlich attraktiver zu gestalten.

Das Konzept „Zoo 2000“

Zoofachleute, Architekten und Freizeitforscher entwickelten in enger Zusammenarbeit das Konzept „Zoo 2000“, mit dem sich die Zoo Hannover GmbH erfolgreich

Von der grauen Maus...

am internationalen Ideenwettbewerb zur Weltausstellung EXPO 2000 beteiligte. Am 12. April 1996 wurde der Zoo als „Projekt EXPO 2000“ offiziell registriert.

„Nur was Menschen kennen, werden sie lieben; nur was Menschen lieben, werden sie schützen“ – mit diesen Worten (frei nach dem senegalesischen Umweltschützer Baba Dioum) lässt sich die dem Konzept zugrunde liegende Philosophie treffend zusammenfassen. Folgerichtig wurde bei der großflächigen Umgestaltung des Zoos ein Schlussstrich unter die bekannte Tierpräsentation in konventionellen Gehegen gezogen. In Szenarien wurden vielmehr – mit großer Sorgfalt für Details – die natürlichen Lebensräume der Tiere nachgebildet. Gastronomie- und Shopping-Erlebnisse sind integrale Bestandteile der Gesamtanlage.

Investitionen

Umgerechnet rund 50 Millionen Euro wurden veranschlagt, um den herkömmlichen Zoo Hannover mit angestaubtem Ausstellungscharakter in einen der attraktivsten Zoos der Welt zu verwandeln!

Nach Realisierung von drei der insgesamt fünf geplanten Themenbereichen bestätigte eine Zwischenbilanz zum Jahresende 1998, dass die Zoo Hannover GmbH mit dem innovativen Konzept richtig lag: In den Jahren 1995 bis 1998 stiegen die Besucherzahlen um 45 % auf 922 000, die Einnahmen aus Eintrittsgeldern sogar um 160 %.

Der Zoo heute – was ist anders?

Was das einmalige Profil des umgestalteten Zoos ausmacht, ist die Qualität seiner thematisch strukturierten Erlebniswelten vom Gorillaberg über den Dschungelpalast, Mey-

Die Geschichte des Erlebnis-Zoo Hannover in Zahlen

4.5.1865
Gründung als AG

1920 – 1932
Städtische Verwaltung

1932 – 1972
Verpachtet an Tierhändler Ruhe

1972
Übernahme durch die Stadt

1993
Umwandlung in GmbH

1994
Neuer Gesellschafter: Kommunalverband Großraum Hannover (heute Region Hannover)

1995
Neues Betriebskonzept Masterplan

1996
Eröffnung des Gorillaberges

1997
Gründung Zoo Hannover Service GmbH
Eröffnung des Dschungelpalastes

1998
Eröffnung Meyers Hof
Eröffnung Sambesi I und II (Löwen-/Giraffenlandschaft und Afrikasteppe)

1999
Eröffnung Sambesi III (Flusspferdlandschaft)

2000
Fertigstellung Sambesi mit Afrikadorf und Bootsfahrt

2002
Eröffnung Streichelland Mullewapp

2004
Freilegung der Prunk-Gemächer des Maharadschas

2005
Eröffnung Abenteuerspielplatz „Die Brodelburg“

...zur Attraktion

Investitionen für Menschen und Tiere

Die Investitionen des Erlebnis-Zoo Hannover sind europaweit ohne Beispiel. Kein anderer Zoo hat in so kurzer Zeit so viel für Tiere und Menschen bewegt! Im Unterschied zu den anderen deutschen Zoos in öffentlicher Trägerschaft bilden die Eintrittsgelder sowie die Einnahmen aus Souvenir-Shops, Gastronomie und Service-Angeboten die wesentliche Basis für die Finanzierung der Investitionen.

Einnahmen und Ausgaben

Stand: Geschäftsjahr 2004

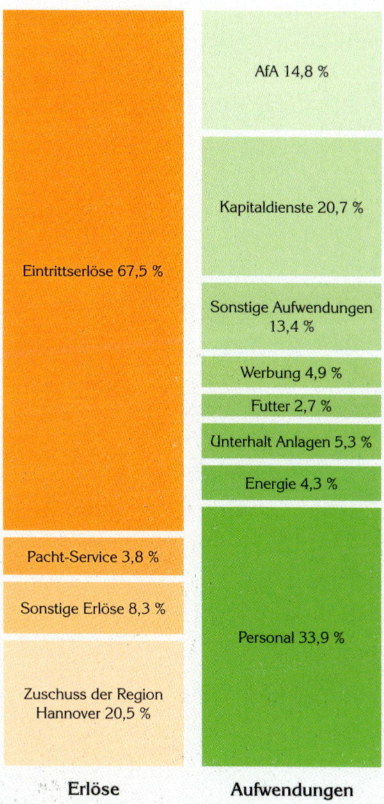

ers Hof bis zur afrikanischen Flusslandschaft Sambesi: Diese spannungsvoll inszenierten Themenbereiche erlauben Besuchern aller Alters- und Bildungsstufen mannigfaltige, individuell gestaltbare Begegnungsmöglichkeiten mit der Welt und dem Leben der Tiere.

Was den traditionellen Zoofreund zunächst vielleicht sogar irritieren mag: Vom klassischen Bildungsauftrag des Tiergartens alter Prägung ist auf den ersten Blick nicht viel übrig geblieben – kein pädagogisch erhobener Zeigefinger weit und breit. Vielmehr gibt es heute im *Erlebnis-Zoo Hannover* eine Fülle von Gelegenheiten, auf eigene Faust auf Entdeckungsreisen zu gehen und auf Neues zu stoßen – unterhaltsames Infotainment statt zäher Wissensvermittlung wie in der Schule. Ein weiterer, ganz spezieller Reiz der Themenbereiche: Jeder von ihnen liefert gewissermaßen den Beginn einer Geschichte, deren Erzählfäden der Besucher nach Belieben aufnehmen und

Von der grauen Maus...

weiterspinnen kann – ein Konzept, das in den nachfolgenden Artikeln dieses Buches noch weiter verdeutlicht wird.

Der Besucher als Teil des Ganzen

In den Themenbereichen werden die Besucher scheinbar in den natürlichen Lebensraum der Tiere versetzt. Um möglichst beeindruckende, hautnahe Begegnungen zu ermöglichen, sind die erforderlichen Sicherheitsbarrieren integrale Bestandteile der landschaftlichen Gestaltung. Sie werden daher nicht als Abgrenzungen wahrgenommen: Gräben und naturnah nachgebildete Felsen haben sicher eine andere Wirkung als ein Gitter oder Glaswände. Immer wieder spielt die Architektur mit der natürlichen Neugier der Besucher, lädt dazu ein, Einblick zu nehmen und Verborgenes zu entdecken – nach dem Motto „Wenn irgendwo ein Schlüsselloch ist, will man auch durchgucken" (Kurt Schwitters).

Detailarbeiten

Bei dem für die Besucher sichtbaren Bereich wird großer Wert auf die Stimmigkeit

Heutige Elefantenanlage im Dschungelpalast

gelegt; so sind die Felsen aus Beton von Spezialisten nach natürlichen Vorbildern ebenso realistisch nachgebildet wie die Sandsteinquader des Dschungelpalastes. Dem Prinzip der Thematisierung folgend wurden selbst die Waschbecken im Dschungelpalast im indischen Stil gestaltet und mit antikisierten Messingarmaturen künstlerisch bestückt. Hinter den Kulissen dagegen liegt der Schwerpunkt auf Funktionalität und zukunftsweisender Technik. Generell sind Nutzgebäude zum Publikum hin thematisch verkleidet oder beispielsweise durch eine Übergrünung kaschiert, so dass sie sich harmonisch in die Umgebung einfügen. Schaugebäude wiederum wurden unter Einbeziehung detailgetreuer Stilelemente aus dem entsprechenden Kulturkreis gestaltet.

Das Plus an Service und Information

Schaufütterungen, Shows, Führungen und Informationsbroschüren sind stimmig in die Gesamtkonzeption integriert. Die Schaufütterungen etwa nutzen die Pfleger, um die Besucher per Mikrofon über interessante Details zu informieren – beispielsweise da-

Heutige Flusspferdanlage im Sambesi

Von der grauen Maus...

rüber, wie wichtig es ist, bei der Fütterung der Affenhorde penibel die soziale Rangordnung zu beachten, damit kein Unfriede aufkommt. Elefanten, Seelöwen, Greifvögel und Reptilien sind die Stars von dramaturgisch perfekten Shows. Allerdings handelt es sich dabei keineswegs um andressierte Kunststückchen; vielmehr werden die natürlichen Fähigkeiten der Tiere aktiviert und in einem attraktiven Rahmen präsentiert. So führen die Elefanten vor, wie sie seit alters her in Indien ihre Lasten tragen. Und für Jung und Alt ist es immer wieder spannend zu erleben, wie ein Falke auf die Jagd geht – was selbstverständlich nur mit Hilfe eines Köders demonstriert wird.

Gestärkt in die Zukunft

Das neue Konzept des *Erlebnis-Zoo Hannover* geht auf, wie aktuelle Besucherzahlen – und nicht zuletzt auch der finanzielle Erfolg zeigen: Während öffentliche Zoos in

Traumnote für den Erlebnis-Zoo Hannover

93,1 % der Besucher bewerten den Erlebnis-Zoo Hannover insgesamt mit sehr gut bis gut.

Quelle: Repräsentativ-Befragung 2003, Frage: „Wie gefällt Ihnen der Erlebnis-Zoo insgesamt?“

Links: Detailgetreue Dschungelpalast-Thematisierung
Oben: Ausblick in die Zukunft – Detailstudie zum zukünftigen Themenbereich Yukon Bay

der Regel ein Zuschussgeschäft bleiben, die überwiegend auf Unterstützung durch Stadt und Land angewiesen sind, kann der *Erlebnis-Zoo* seine Ausgaben vorwiegend aus Eintrittserlösen decken.

Nur etwa 20% Zuschuss werden durch die Region Hannover gezahlt – eine deutliche Entlastung für die öffentliche Hand. Und schließlich wird der *Erlebnis-Zoo Hannover* mit dem in Planung befindlichen Themenbereich Yukon Bay (ausführliche Informationen dazu auf S. 135) auch in Zukunft Maßstäbe setzen.

Sambesi

Sambesi

Afrika mitten in Hannover

Afrika, der schwarze Kontinent, ist dreimal so groß wie Europa. Mit einer Gesamtfläche von über 30 Millionen Quadratkilometern hat er beim Wettbewerb „Die Welt sucht den größten Erdteil" den zweiten Platz ergattert – direkt nach Asien. Im Norden wird Afrika vom Mittelmeer, im Westen vom Atlantik und im Osten vom Roten Meer sowie dem Indischen Ozean begrenzt. Im Süden des Landes fließt der Sambesi. Die Quelle des Flusses befindet sich in Sambia, von wo aus er seinen Weg durch Angola und Mosambik nimmt. Nach über 2000 Kilometern mündet er schließlich im Indischen Ozean.

Mit der Länge seines realen Vorbildes kann es der Sambesi im *Erlebnis-Zoo Hannover* natürlich nicht aufnehmen, aber dafür ist das Treiben rund um den Fluss sowie die Bootsfahrt darauf mindestens genauso spannend und abwechslungsreich wie auf seinem großen Bruder. Entdecken Sie jetzt Afrika – mitten in Europa!

Direkt hinter dem Eingangsbereich des Zoos betreten Sie eine fremde, exotische Welt. Auf rund 49000 Quadratmetern ist hier eine einzigartige Abenteuerlandschaft für Tiere und Menschen entstanden. Hier wird Afrika nicht nur im Miniaturformat präsentiert, hier können Sie den schwarzen Kontinent mit allen Sinnen erleben.

Von der abenteuerlichen Hängebrücke aus, direkt hinter den strohgedeckten afrikanischen Rundhütten, können Sie bereits einen Blick auf die Uferlandschaft werfen. Dort, in der Nähe eines Wasserfalls, der sich in den Sambesi ergießt, schnäbeln Flamingos, fischen Pelikane nach ihrem Futter. Die Pelikane können Sie aber nicht nur von der Hängebrücke aus beobachten, sondern ihnen tatsächlich auch einen „Hausbesuch" abstatten.

Afrika mitten in Hannover

Parkscout-Tipp

Den Toiletten sollten Sie auf jeden Fall einen Besuch abstatten – und das nicht nur im Sambesi-Bereich. Diese Erleichterungsgelegenheiten sind im Stil des jeweiligen Bereichs gehalten und mit viel Liebe zum Detail eingerichtet worden. Sie sind damit auf jeden Fall immer einen Blick wert.

Betreten Sie die einzigartige „Pelikanbegegnungsstätte“, um die rosa Spaßvögel aus nächster Nähe zu beobachten – oder sogar zu streicheln! Parkbänke laden die Besucher zum längeren Verweilen ein. „Afrika zum Anfassen“ lautet, zumindest hier, das Motto. Bei Ihrem Besuch des Löwenbereichs sollten Sie dies, aus nahe liegenden Gründen, allerdings nicht mehr allzu wörtlich nehmen.

Afrikanisches Wasserballett

Nebelige Höhlendurchgänge und herrlich verschlungene Seitenpfade machen den Spaziergang im Sambesi-Bereich des *Erlebnis-Zoo Hannover* zu einer einzigartigen Entdeckertour. In einem Seitenarm des Flusses warten zum Beispiel ein paar echte

„Hausbesuch“ bei den Pelikanen

Afrika mitten in Hannover

Auge in Auge mit Flusspferden

Schwergewichte auf die neugierigen Besucher. Die Flusspferddamen unternehmen ausgedehnte Verdauungsspaziergänge auf dem Flussgrund – bei einem Körpergewicht von etwa 1,5 Tonnen ist dieser Hang zum Wassersport sicherlich keine schlechte Wahl. Damit die Schwergewichte auch immer frisches Wasser zur Verfügung haben, werden dank modernster Technik 400 Kubikmeter Wasser pro Stunde gereinigt.

Im Sommer tummeln sich die sechs „dicken Damen" im Sambesi beziehungsweise an dessen Ufer. Hier haben Sie dann von der Bootstour aus den besten Blick auf diese feschen Mädels. Im Winter präferieren die dickhäutigen Vegetarierinnen allerdings den Innendienst – wer könnte es ihnen verdenken. Aber keine Sorge, denn auch diese Tauchgänge können von den Besuchern aus nächster Nähe beobachtet werden. In einer eigens dafür erbauten Höhle, dem Hippo-Canyon, geben große Glasscheiben den Blick auf das lustige Treiben unter Wasser frei. Dieses Schauspiel finden Sie weltweit in nur sehr wenigen Zoos.

Die Löwen haben alles gut im Blick

Auf einer weitläufigen Steppe leben Zebras, Gazellen, Antilopen und Blauhalsstrauße friedlich miteinander. Giraffen, Blessböcke und Springböcke stolzieren harmonisch über die Savanne. Einen hervorragenden Ausblick auf dieses friedliche Idyll haben die Löwen, die in direkter Nachbarschaft ihr Quartier bezogen haben. Das war es aber auch schon: Der Zugang zu diesem paradiesischen Büffet bleibt ihnen natürlich verwehrt. Allerdings dürfte sie das große rote Felsplateau, der Löwen-Canyon, den sie alleine bewohnen, mehr als entschädigen.

Damit die Löwen aber nicht ganz aus der Jagdübung kommen, werden ab und an Wassermelonen in ihr Areal gebracht. Diese wurden nämlich eine Zeit lang in den Stallungen von Antilopen und anderen potentiellen Beutetieren gelagert und haben so deren Geruch angenommen. Die vegetarische Jagdsaison ist für die Löwen damit eröffnet – dieser einfache Trick funktioniert auch bei Tigern hervorragend. Die Löwen sind übrigens ganzjährig

Nur wenige Zentimeter entfernt und trotzdem völlig gefahrlos: Löwen hautnah beobachten

Afrika mitten in Hannover

im Freigehege anzutreffen. In den Fels eingelassene Heizplatten machen den Aufenthalt im Freien auch in den kühleren Monaten angenehm für die zweitgrößte Katzenart der Welt. Egal ob Sommer oder Winter: Mit etwas Glück liegen die Löwen direkt vor einer der großen Glasscheiben und lassen sich das Fell von der Sonne oder dem „heißen Stein" wärmen.

So sind die Tiere nur wenige Zentimeter von den Besuchern getrennt. Damit bietet sich Ihnen eine gute Gelegenheit für Fotos aus aller nächster Nähe.

Giraffen vor der Safari-Lodge

Große Tiere, kleine Besucher, verschlungene Wege

Den besten Ausblick über die afrikanische Savannenlandschaft haben nicht nur die in direkter Nachbarschaft zu den Löwen lebenden Giraffen. Ein Abstecher in die Safari-Lodge bringt die Besucher auf gleiche Höhe mit den dunkel gefleckten Paarhufern, wo sie ihnen direkt in die Augen sehen können. Vor der strohgedeckten Lodge hängt übrigens an strategisch klug gewählter Stelle ein Futterkorb mit Heu, der von den Giraffen gerne angenommen und geplündert wird. Gehen Sie aber nicht zu nah heran! Die Zunge ist nicht nur bis zu 50 Zentimeter lang: Die Giraffe kann damit auch zugreifen! Kommen Sie also nicht auf die Idee, Futter aus dem Korb zu nehmen!

Wenn Sie Hunger auf ein besonderes Erlebnis haben sollten, buchen Sie die Safari-Lodge doch einmal im Sommer für ein romantisches Candlelight-Dinner zu Zweit. Genießen Sie ausgewählte kulinarische Spezialitäten bei einem malerischen Sonnenuntergang, während im Hintergrund ein Löwe brüllt. Unvergessliche Momente sind hier garantiert.

Natürlich kommen auch die kleinen Besucher am Sambesi voll auf ihre Kosten. Die Abenteuerpfade wecken den Entdeckergeist von jungen Zoo-Fans und laden zu aufregenden Exkursionen ein. Durch dicht bewachsene, verschlungene Wege, über

Detailverliebtheit unterstützt das Afrika-Feeling.

schwankende Hängebrücken und Baumstämme hinweg und durch Sandkuhlen hindurch: Die kleinen Abenteurer können ihrem Spieltrieb freien Lauf lassen. Die Pfade liegen etwas versteckt, gehen aber immer vom Hauptweg ab und enden auch wieder auf ihm. Damit können Eltern ihren kleinen Rackern unbesorgt Auslauf gewähren, aber dennoch immer in ihrer Nähe sein.

Spitzmaulnashorn

Natürliche Feinde: Keine

Das Spitzmaulnashorn trägt seinen Namen völig zu Recht: Es hat eine spitz zulaufende Oberlippe, die es als Greifwerkzeug benutzen kann. Mit dieser Greiflippe pflückt es Blätter und Zweige von dornigen Büschen, ohne sich dabei zu verletzen. Die Blätterkost zermalmt das Spitzmaulnashorn dann genüsslich zwischen seinen mächtigen Backenzähnen, die wie Mahlsteine alles zerkleinern.

Und auch das „Horn" im Namen ist überaus treffend: Gleich zwei Hörner – ein vorderes großes und ein etwas kleineres zweites – trägt das Nashorn direkt auf der Nase. Das Spitzmaulnashorn wird bis zu 1,60 Meter groß und verteilt dabei seine 1 500 Kilogramm Gewicht auf eine Körperlänge von bis zu 3,20 Meter.

Möchten Sie dem Tier einmal in seiner Heimat einen Besuch abstatten, wären die Buschsteppen im Süden und Osten Afrikas die richtige Adresse. Hier ist es oft an verschlammten Wasserstellen anzutreffen. Nashörner versuchen durch Schlammbäder stechende Insekten und Parasiten abzuspülen. Wenn der Schlamm anschließend auf der Haut trocknet, wirkt er auch noch wie ein Schutzmantel, denn er hält ihnen die lästigen Plagegeister noch eine Zeit lang vom Leib.

Wahre Einzelgänger

Spitzmaulnashörner sind Einzelgänger. Nur zur Paarung treffen sich Bullen und Kühe für ein paar Tage. Das Ergebnis dieses Treffens ist dann etwa 450 Tage später zu begutachten. Ein Nashornbaby wiegt bei seiner Geburt 25 bis 30 Kilogramm – ohne Hörner. Die wachsen dem Nashorn nämlich erst im Lauf der Zeit.

Spitzmaulnashörner sind zwar lieber für sich allein, wirklich einsam sind sie aber nie. Die Madenhacker sind treue Weggefährten der schwergewichtigen Vegetarier. Diese kleinen Vögel befreien den Hornträger von den Parasiten, die er nicht durch die ausgiebigen Schlammbäder losgeworden ist. Auch Kuhreiher übernehmen ab und an diesen Job und werden von den Nashörnern ebenfalls gerne geduldet.

Das Spitzmaulnashorn verfügt über einen sehr guten Geruchssinn und ein exzellentes Gehör. Auf seine Augen hingegen kann es

Natürliche Feinde: Keine

sich nicht verlassen: Das Tier ist extrem kurzsichtig. Auf eine Entfernung von 20 Metern kann es kaum noch etwas erkennen. Also greift es nach dem Motto „Angriff ist die beste Verteidigung" manchmal plötzlich und ohne Vorwarnung an. Obwohl man es dem Tier wegen seiner kurzen Beine gar nicht zutraut: Auf Kurzstrecken ist das Spitzmaulnashorn schneller als ein Mensch. Es erreicht eine Höchstgeschwindigkeit von 45 Kilometern pro Stunde.

Natürliche Feinde hat das Spitzmaulnashorn nicht und so war es früher in fast allen Teilen Afrikas verbreitet. Heute sind aber Spitzmaulnashörner vom Aussterben bedroht, da die Menschen ihren Lebensraum zerstören und Wilderer sie wegen ihrer Hörner jagen. In gemahlener Form gilt das Horn in manchen Kulturen dieser Welt als potenzsteigerndes Aphrodisiakum, zudem wird ihm wundersame Heilkraft zugeschrieben. Um für Wilderer die Jagd so unattraktiv wie möglich zu machen, sind Wildhüter selbst dazu übergegangen, den Tieren unter Betäubung die Hörner abzusägen. Schmerzhaft ist dieser Vorgang für die Tiere nicht, es ist vergleichbar dem Nagelschneiden beim Menschen. Die Hörner wachsen den Tieren übrigens wieder nach.

Der *Erlebnis-Zoo Hannover* beteiligt sich seit vielen Jahren aktiv am Europäischen Erhaltungszuchtprogramm (EEP). Hier werden bedrohte Tierarten im Zoo gezüchtet, um ihren Bestand langfristig zu sichern. Nach Möglichkeit sollen die Tiere wieder in geeigneten Lebensräumen angesiedelt werden – auch für die Spitzmaulnashörner gibt es ein solches Erhaltungsprogramm. ●

Eleganter Marathontänzer

Der Paradieskranich ist fast ausschließlich in Südafrika beheimatet. Seine bevorzugte Nahrung besteht aus Insekten, Fischen, Fröschen, Reptilien und pflanzlicher Kost.

Dieser blaugraue, etwa einen Meter große Kranich hat einen langen Hals und einen verhältnismäßig großen Kopf mit weißer Stirn und einem weißen Scheitel. Sein elegantes Aussehen verdankt er den schleppenartig verlängerten Armschwingen der Flügel, die bis zum Boden reichen.

In der Balzzeit und bei Aufregung zeigt der Paradieskranich sein zweites Gesicht. Dann stellt er die Federn seitlich am Kopf so auf, dass er wie eine Kobra aussieht. Außerdem sind die Paradieskraniche wahre Marathontänzer. Wenn sie balzen, kommen sie so richtig in Fahrt, und ihr Liebestanz kann dann bis zu vier Stunden dauern! Fängt erst einmal ein Paar mit dem Tanzen an, kann das schnell ansteckend wirken: Manchmal tanzen dann bis zu 60 Paare gleichzeitig. So sehr der Paradieskranich es auch gesellig mag: In der Brutzeit leben die

Paare einzeln und bebrüten 30 Tage lang abwechselnd die beiden dunklen, schön gesprenkelten Eier. Diese Arbeitsteilung ist unter Vögeln weit verbreitet. Etwa drei Monate nach dem Schlüpfen werden die kleinen Paradieskraniche flügge.
Dann schließen sich die Paradieskranich-Familien zu größeren Verbänden zusammen und lassen sich als große Gruppen von mehreren Dutzend Vögeln bei ihrem gemeinsamen Flug beobachten.

Marabu

Nicht schön, aber praktisch

Der Marabu kommt aus Afrika und gehört zur Familie der Störche. Er bevorzugt die heißen Savannenlandschaften als Lebensraum.

Der Vogel wird bis zu 1,50 Meter groß, und wenn er seine Flügel ausbreitet, kann deren Spannweite bis zu 3 Meter erreichen. Wirklich beeindruckend – ganz im Gegensatz zum Aussehen der Vögel.
Eine unauffällige Färbung des Gefieders, ein nackter Hals, auf dem Kopf fast keine Federn, ein riesig großer Schnabel sowie der seltsame Hautsack darunter – nach menschlichen Maßstäben würden die Marabus mit ihrem Aussehen garantiert keinen Schönheitswettbewerb gewinnen.

So gewöhnungsbedürftig Marabus auch aussehen mögen, umso schöner ist das Bild, das sich dem Betrachter bietet, sobald diese Vögel in ihrem natürlichen Element sind. Wenn sie mit ihren gewaltigen dunklen Schwingen durch die Lüfte segeln, sehen sie elegant und majestätisch aus. Sie nutzen dabei geschickt die thermischen Aufwinde aus und können so auch größere Gewässer problemlos überqueren.

Wahrlich keine Schönheit

In der Natur ist gutes Aussehen nicht alles. Die Marabus übernehmen eine sehr wichtige Funktion im ewigen Kreislauf des Lebens: Sie sind Aasfresser. Das steigert zwar nicht unbedingt ihren Sympathiewert, aber dadurch tragen sie dazu bei, die Ausbreitung von Krankheitserregern frühzeitig zu verhindern. Ihre ungewöhnliche Futtervorliebe erklärt auch, warum die Marabus keine Federn an Hals und Kopf haben. Mit ihrem kräftigen Schnabel hacken sie tote Tiere auf und tauchen mit ihren Köpfen tief in die Kadaver ein, um an Nahrung heranzukommen. Hätten Marabus Federn auf dem Kopf und am Hals, würden diese ständig verkleben und wären nur schwer zu reinigen. Im Wettkampf mit anderen Aasfressern, wie dem Geier, zieht der Marabu allerdings den Kürzeren. Da er sich nicht gegen die Konkurrenz durchsetzen kann, muss er sich meist mit den Resten zufrieden geben.

Eine wahre Augenweide

Eine wahre Augenweide ist der Kronenkranich. Sein bunt gefärbtes Gefieder, die leuchtend gelbe Federkrone und die samtartige schwarze Federkugel, die er auf dem Kopf trägt, würden ihn eigentlich schon genug schmücken.

Dazu kommt aber noch sein dunkelgrauer Hals, an dem es ein unbefiedertes Hautstück, die Wamme, gibt. Auch seine dunkelgrauen, langen Beine sowie die verlängerten Schwung- und Deckfedern, die das Hinterende überragen, machen den Kronenkranich so unverwechselbar. Und als ob das noch nicht genug wäre, hat er auch noch himmelblaue Augen.

In der freien Wildbahn ist er vor allem in Süd- und Südostafrika bis zum Äquator anzutreffen. Als bevorzugten Lebensraum hat er Baumsavannen auserkoren. Um in diesen höher gelegenen, trockenen Graslandschaften genügend Futter zu finden, stampfen die Kronenkraniche auf den Boden und scheuchen so die Insekten auf.

Wie alle Kraniche zeigen auch die Kronenkraniche ein außergewöhnliches Balzverhalten: Sie hüpfen so elegant, dass es fast wie ein Tanz aussieht. Um die Bindung zwischen dem Paar noch zu stärken, geben die Tiere dabei laute Rufe von sich – manche singen sogar im Duett. Kronenkraniche legen meist drei oder vier schneeweiße Eier, die im Laufe der vierwöchigen Brutzeit langsam grau werden. Beide Elternteile bebrüten die Eier und sind für die Aufzucht der Jungen zuständig.

Nimmersatt

Gesellschaft gesucht!

Der Nimmersatt gehört zur Familie der Störche und ist in Afrika und Indien zu Hause. Er bevorzugt die Nähe von flachen Binnengewässern, da er hier seiner Lieblingsnahrung am nächsten ist. Wasserinsekten, Fische, Amphibien und auch Reptilien stehen auf seinem Speiseplan.

Bei der Jagd nach Nahrung treten die Nimmersatte in Gruppen auf: Sie schreiten durchs Wasser, schlenkern mit den Füßen und breiten dann ruckartig ihre Flügel aus. Sollte das nicht ausreichen, um kleine Fische und Amphibien unruhig zu machen und aufzuscheuchen, kommt der Schnabel zum Einsatz. Mit dem stochern sie dann so lange im Schlamm herum, bis die potentielle Beute versucht zu fliehen. Keine kluge Entscheidung, wie sich zeigt, da sie meistens im Schnabel des Nimmersatts landet.

Aber nicht nur bei der Jagd mag es diese Storchenart gesellig, auch beim Nisten legen die Nimmersatte Wert auf gute (und reichlich vorhandene) Nachbarschaft. Es kann durchaus vorkommen, dass sich die Nester von mehr als 20 Pärchen auf dem gleichen Baum befinden. Wenn die weißbedaunten kleinen Nimmersatte schlüpfen, gibt es viel Arbeit für das Elternpaar: Die Kleinen sind stets hungrig und krächzen ohne Unterlass nach Futter.
Der Nimmersatt ist zwar ein Vogel, er singt aber nicht. Er quietscht oder grunzt nur. Während der Balz hingegen klappert er – ganz Storch – laut mit seinem Schnabel.

Schnell wie der Wind

Die in Afrika und Asien beheimateten Gazellen bevorzugen Grassteppen als Lebensraum. Auf jeden Fall ist offenes, übersichtliches Gelände gefragt, schließlich stehen die zierlichen Gazellen bei Leoparden, Geparden, Löwen, Wölfen, Hyänen und selbst bei Adlern ganz oben auf dem Speisezettel.

Die Gazelle gibt sich also größte Mühe, keine allzu leichte Beute zu sein. Dabei helfen ihr Augen, Ohren und Nase: Gazellen sehen und riechen ihre Feinde auf große Entfernung. Wenn zum Beispiel eine Herde Dorkasgazellen, die kleinste aller Gazellenarten, ausruht oder grast, werden immer einige Tiere als Wachen abgestellt. Diese „Leibwächter" stehen dann mit der Nase in Windrichtung, damit sie einen sich nähernden Jäger umgehend bemerken.

Begabte Läufer

Sollte Gefahr drohen, kann sich die Gazelle schnell wie der Wind aus dem Staub machen. Die begabten Läufer bringen es auf eine Geschwindigkeit von bis zu 60 Stundenkilometern – da müssen meist selbst Geparden passen. Diese sprinten zwar bis zu 110 Stundenkilometer schnell, können das hohe Tempo aber nur über eine sehr kurze Distanz aufrechterhalten. Gazellen hingegen haben eine größere Ausdauer und damit eine reelle Chance gegen den Gepard.

Die meisten Säugetiere, auch der Mensch, bewegen sich im Kreuzgang fort. Wird das rechte Bein vorgesetzt, bewegt sich der linke Arm vorwärts und umgekehrt. Einige Tiere marschieren allerdings im Passgang. Sie bewegen also immer beide Beine einer Körperhälfte gleichzeitig, daher schaukeln sie beim Gehen ebenso wie ein Kamel. Die Gazelle kann beides. Sie geht langsam im Passgang, wechselt bei schnellerem Tempo in den Kreuzgang und baut auf der Flucht auch noch Prellsprünge mit ein – das heißt, sie springt dabei mit allen Vieren gleichzeitig in die Luft.

Zebra

Unverwechselbar wie ein Fingerabdruck

Jedes Zebra ist einzigartig, denn im Gegensatz zu den Zebrastreifen im Straßenverkehr hat jedes Tier seine ganz eigene Streifenzeichnung. Zebrafohlen erkennen ihre Mütter übrigens an den individuellen Streifen auf der Schulter. Der Geruch spielt allerdings auch eine wichtige Rolle, denn dieser verrät die soziale Stellung des Zebras innerhalb der Gruppe.

Das auffällig gemusterte Fell hat aber noch zwei weitere, nicht zu unterschätzende Vorteile für die Tiere. Zebras sind bei Hyänen und Löwen als Beutetiere sehr beliebt. Die Streifenzeichnung bietet auf freien Flächen eine optimale Tarnung gegenüber diesen Raubtieren. Vor allem, wenn die Luft durch die Hitze flimmert, sind Zebras aus der Ferne nur noch sehr schlecht zu erkennen.

Manchmal macht es aber auch die Masse: Stehen viele Zebras in einer großen Gruppe zusammen, sind die einzelnen Tiere kaum für Räuber auszumachen. Die Streifen bieten aber nicht nur Schutz vor allzu großen, hungrigen Feinden, sondern auch vor ganz kleinen: Die Tsetsefliege, Überträgerin der Schlafkrankheit, kann gestreifte Tiere nicht so gut wahrnehmen wie einheitlich gefärbte. Die Facettenaugen der Stechfliegen haben Probleme bei der Erkennung der Zebras. Kein sicherer Landeplatz – kein Stich.

Zebras leben bevorzugt auf Grasländern in Familienherden, die bis zu 20 Mitglieder haben können. Diese Gruppen bestehen immer aus einem Hengst, mehreren Stuten sowie deren Fohlen. Der Nachwuchs erblickt übrigens nach einer Tragzeit von 375 Tagen das Licht der Welt. Nach der Geburt trennen sich die Mütter mit ihren Jungtieren von der Herde. Erst wenn die Kleinen gelernt haben, ihre Mutter anhand ihres Aussehens, des Geruchs und der Stimme zu erkennen, werden sie wieder zurück in die Gruppe geführt.

Jungs unter sich

Junggesellen schließen sich allerdings auch schon einmal zu Übergangsgruppen zusammen, bis sie eine eigene Herde gründen. Während dieser Wartezeit sind die Jungs die besten Kumpels, aber wehe, wenn sie in Streit geraten... dann geht es richtig rund! Die Kämpfer stellen sich auf die Hinterbeine und bekämpfen einander mit den Vorderhufen. Eine ganz besondere

Kampftechnik haben die Böhm-Steppenzebras, die auch hier im Zoo zu sehen sind, entwickelt: das Kampfkreisen. Hierbei drehen sich die Kontrahenten umeinander und versuchen, den jeweils anderen in die Beine zu beißen. Von kleineren Streitereien mal abgesehen ist der Zusammenhalt ansonsten bewundernswert. Wenn die Zebras nachts ruhen, hält ein Tier immer Wache. Auch bei der Körperpflege sind sie auf Zusammenarbeit angewiesen: Sie beknabbern sich gegenseitig die Körperteile, die sie selbst nicht erreichen können. Dafür stehen sie parallel zueinander und kümmern sich um Rücken, Mähne und Hals des jeweils anderen. Und auch der Madenhacker hilft mit: Der Insektenvertilger pickt den Unpaarhufern lästige Parasiten aus dem Fell.

Zebras kommunizieren untereinander. Der Ruf dieser Tiere beginnt mit einem pfeifenden Einatmungslaut und klingt dann wie „kwaha, kwahaha". Wenn das Zebra so wiehert, fallen die anderen in der Herde mit ein. Dieses Wiehern ist ein Stimmfühlungslaut, den die Tiere besonders dann von sich geben, wenn sie den Anschluss an die Herde verloren haben. ●

Antilope

Impala, Springbock, Addax, Elenantilope, Kaama

An der Unterseite ihres Schwanzes haben Antilopen einen hellen Fleck – den sogenannten „Spiegel". Er ist ein Warnsignal für andere Mitglieder in der Herde. Wenn eine Antilope den „Spiegel" zeigt, bedeutet das für die anderen: Es droht Gefahr, und die Flucht wird vorbereitet!

Antilopenvielfalt

In Gefahrensituationen ist das Impala – die Schwarzfersenantilope – ein wahrer Sprungartist. In sehr hohen und weiten Sätzen zeigt es seinem Verfolger die dunklen Fersen, welche dieser Antilopenart den Namen gaben. Die schwarzen Haarbüschel über dem Fesselgelenk der Hinterläufe sind bei den Impalas ein absolut typisches Merkmal.
Auf Springböcke und Addax wäre hingegen jeder Metereologe neidisch: Dank einer eingebauten „Wetterstation" spüren diese Tiere, wo und wann in der Wüste Regen fällt. Sie machen sich dann umgehend auf den Weg, um das kühle Nass zu finden – und das, obwohl sie eigentlich auch wochenlang ohne Wasser auskommen könnten. Die größte

aller Antilopen ist die Elenantilope, die über 900 Kilogramm schwer werden kann. Männchen und Weibchen tragen Hörner, aber nur die Bullen haben gewaltige Muskeln an Nacken und Schultern sowie einen dichten Haarschopf zwischen den Hörnern.

Starke Bullen besetzen ein Territorium, das sie auf ungewöhnliche Weise markieren: Sie reiben ihren Haarschopf am Boden in ihrem Urin und im Schlamm und schmieren diese Substanz dann wie mit einer Bürste an Bäume und Felsen. Die Bullen können sich zeitweise in einen Zustand hoher Aggressivität versetzen, von den Einheimischen als Ukali

Links oben: Addax
Links unten: Impalas
Oben: Elenantilopen

bezeichnet. So sollen andere Männchen eingeschüchtert werden.

Das Kaama gehört zur Gruppe der Kuhantilopen. Ein hellgraues bis rotbraunes Fell sowie eine unverwechselbare Schwarzzeichnung in der Mitte des langen Gesichts und der Beine zeichnen es aus. Das Kaama lebt, wie andere Antilopen auch, in großen Herden. Diese ziehen durch die trockenen Savannen auf der Suche nach Nahrung.

Strauß

Von wegen Kopf in den Sand...

Der Strauß gehört zu den Laufvögeln und ist der größte lebende Vogel der Erde. Seine beachtliche Größe von bis zu drei Metern und sein Gewicht von 150 Kilogramm sind in der Vogelwelt unerreicht. Er ist in Süd- und Ostafrika zu Hause, aber auch in anderen Regionen Afrikas vereinzelt anzutreffen.

Die riesigen Vögel haben die baumlosen Savannen zu ihrem bevorzugten Lebensraum auserkoren und sich vollkommen an das Leben in der Ebene angepasst. Mit ihren scharfen Augen erspähen sie Angreifer bereits von weitem. Sie warnen erst die anderen Tiere und rasen dann selbst mit einer Spitzengeschwindigkeit von bis zu 65 Stundenkilometern davon – da können selbst Löwen und Leoparden nicht mithalten.

Die Küken der Strauße sind natürlich noch nicht so schnell – sie müssen daher zu einer anderen Taktik greifen, wenn sie von einem Angreifer verfolgt werden. Der Nachwuchs lässt sich einfach zu Boden fallen und bleibt unbeweglich liegen. Während der Verfolger noch verwirrt nach der Beute sucht, ist auch meistens schon der Papa zur Stelle und lenkt den Feind mit einem einfachen Trick ab. Er läuft im Zickzackkurs und lässt einen Flügel hängen, als ob er gebrochen wäre, was dem Jäger leichte Beute signalisiert. In der Zwischenzeit wird das Küken von der Mutter in Sicherheit gebracht – echtes Teamwork eben.

Wahrlich kein Weichei

Sollte der Strauß aber mal in echte Bedrängnis geraten, steckt der Vogel keineswegs den Kopf in den Sand. Er weiß sich durchaus zu wehren. An der inneren der beiden Zehen hat er eine lange Kralle. Im Kampf springt er bis zu anderthalb Meter in die Luft und zückt dann seine Waffe, mit der er auch einen Löwen außer Gefecht setzen kann. ●

Natürliche Schädlingsbekämpfer

Ursprünglich war der Kuhreiher hauptsächlich in Afrika, Asien und Südeuropa zu Hause, mittlerweile ist er aber weltweit verbreitet.

Für die Kuhreiher gestaltet sich die Futtersuche relativ einfach: Er schreitet einfach neben kräftigen Huftieren, die durch ihre schweren Schritte Insekten aufscheuchen. Hier bietet sich dem Kuhreiher dann ein reichhaltiges Büffet, an dem er sich stärken kann. Allerdings verdingt er sich auch gerne als Reinigungskraft bei Weidetieren. Kuhreiher reiten oft auf Büffeln oder Flusspferden und befreien deren Haut von Parasiten. Die pickt der Kuhreiher mit seinem kurzen, spitzen Schnabel auf und frisst sie. Mit diesem Arrangement sind beide glücklich: Das große Tier ist seine lästigen Untermieter los und der Kuhreiher satt.

Inzwischen haben die Vögel aber auch die Nutz- und Haustiere des Menschen als potentielle Nahrungsspender entdeckt, was wiederum deren Halter von den Qualitäten des Reihers in der Ungezieferbekämpfung überzeugt hat. Mittlerweile werden die etwa 50 Zentimeter großen Tiere gezielt gehalten, um Schädlingen zu Leibe zu rücken.

Normalerweise haben die Kuhreiher ein ganz weißes Federkleid. Nur während der Balzzeit werfen sie sich so richtig in Schale. Am Hinterkopf, dem Rücken und auf der Bauchseite tragen sie dann gelb oder rot gefärbte Schmuckfedern.

Partnerschaftliche Aufzucht

Für den Nestbau sind bei den Kuhreihern übrigens beide Partner zuständig. Das Männchen beschafft das Baumaterial, aus dem das Weibchen dann das Nest baut. Auch die etwa 21-tägige Brutzeit und die Aufzucht der Jungen teilen sich die beiden Reiher partnerschaftlich. ●

Flamingo

Rosafarbene Langbeine

Der Flamingo ist in Mittel- und Südamerika, Südeuropa, Afrika sowie Asien zu Hause und lebt dort in großen Gruppen am Ufer von Flachwasser-Seen.

Respektable 19 Halswirbel verhelfen dem Flamingo zu seinem langen und beweglichen Hals (zum Vergleich: Wir Menschen bringen es gerade mal auf sieben Halswirbel). Den langen Hals braucht er nicht nur zur Pflege seines Gefieders, sondern auch zur Nahrungssuche im Wasser. Er filtert mit seinem in der Vogelwelt einzigartigen Schnabel Kleinstlebewesen, Algen und Krebse aus dem Wasser. Dabei setzt er seinen Schnabel wie eine Schöpfkelle ein und zieht seine Zunge zurück. Nun kann das Wasser in den Schnabel strömen. Anschließend gleitet die Zunge nach vorn, das Wasser wird heraus gepresst und die winzigen Lebewesen bleiben im Schnabel-Filter zurück. Wenn der Flamingo einmal zu wenig Nahrung findet, trampelt er mit den Füßen, um den Bodenschlamm aufzuwirbeln und Kleinstlebewesen an die Oberfläche zu bringen.

Mal rot, mal weiß

Bei jungen Flamingos ist der Schnabel noch nicht so weit entwickelt, dass sie bereits das Wasser nach Nahrung filtern könnten: Sie werden in ihren ersten zwei Lebensmonaten mit einer Art Milch gefüttert, die von der Mutter in Drüsen entlang des gesamten oberen Verdauungstrakts erzeugt wird. Das ist auch der Grund dafür, dass die Jungtiere noch nicht die für den Flamingo so charakteristische Rotfärbung des Gefieders aufweisen.
Dafür sorgt bei ausgewachsenen Flamingos nämlich die Nahrung: Krebse und Algen enthalten Karotin. Beim Flamingo setzt sich der Farbstoff im Gefieder ab und färbt die Federn rosa. Nimmt das Tier nicht genügend karotinhaltige Nahrung zu sich, wird sein

Gefieder wieder weiß – genau so wie bei einem Jungtier.

Kreativer Nestbau

Apropos Jungtier: Wollen Flamingos brüten, suchen sie sich zum Nestbau nicht einfach Stroh und Gräser zusammen wie andere Vogelarten. Die Langbeine brüten immer in Wassernähe und bauen daher mit ihrem Schnabel hochwassersichere Lehmerhebungen, die wie Mini-Vulkane aussehen. In die Kuppe dieser Lehmberge wird dann eine Mulde gedrückt, in die das Ei gelegt wird. So kann selbst eine Überschwemmung dem kostbaren Nachwuchs nichts anhaben.

Ebenso typisch wie der Schnabel und die Farbe seines Gefieders ist die Haltung des Flamingos: nur auf einem Bein stehend. Was für uns Menschen furchtbar unbequem aussieht, ist für das Tier mit keinerlei Anstrengung verbunden. Möglich macht dies ein besonderes Gelenk, das über eine Sperrvorrichtung verfügt: Wird das Bein gestreckt, schnappt das Gelenk ein wie ein Taschenmesser, wodurch das Bein auch ohne Muskelkraft gestreckt bleibt. ●

Pelikan

Der etwas andere Fischfänger

Pelikane sind Wasservögel, die auf allen Kontinenten zu Hause sind und in großen Kolonien an Flüssen, Seen und am Meer leben.

Allen Pelikanarten gemein ist der große Schnabel sowie der darunter hängende Kehlsack. In diesem kann der Rosapelikan elf Liter Wasser auf einmal aufnehmen – in der Hoffnung, dass sich dann in seinem eingebauten Kescher ein Fisch befindet. Das Wasser drückt der Pelikan einfach wieder aus dem Schnabel und der Fisch wird in einem Stück herunter geschluckt.

Wenn Pelikane brüten, machen sie dies bevorzugt in großen Kolonien. Wer zwischen so vielen Artgenossen seinen Nachwuchs aufziehen will, sollte eigentlich mit Trubel zurechtkommen. Aber tatsächlich muss es für Pelikane beim Brüten absolut ruhig sein, auf Störungen reagieren sie sehr empfindlich. Es kommt sogar gelegentlich vor, dass sie ihre Eier verlassen, statt sie auszubrüten.

Jagdausflug

Pelikane brüten nicht nur gemeinsam, sie gehen auch zusammen auf die Jagd. Dabei bilden sie eine Kette und treiben die Fische anschließend mit Flügelschlägen ins flache Wasser. Dann brauchen sie nur noch den großen Schnabel aufzumachen und einen kräftigen Schluck zu nehmen: Fische gehen ihnen immer in den Schnabel.
Der Braune Pelikan hingegen taucht nach Fischen, indem er sich aus großer Höhe ins Meer stürzt. Und damit wäre auch schon die nächste Frage geklärt: Pelikane können geschickt und ausdauernd fliegen – nur der Start gestaltet sich oft etwas schwierig. Sie müssen Anlauf nehmen, um ihren bis zu 15 Kilogramm schweren Körper überhaupt in die Luft zu bekommen.

Possierliche Grubenarchitekten

Erdmännchen, auch als Surikaten bekannt, gehören zur Familie der Mangusten und sind in Namibia, Botswana sowie Südafrika zu Hause. Die possierlichen Tiere bevorzugen ein Leben in der Savanne, sind aber auch in Halbwüsten anzutreffen. Erdmännchen mögen es sehr gerne gesellig, daher schließen sie sich zu Wohngemeinschaften zusammen. Meist bewohnen 30 Tiere einen gemeinsamen Bau, der in einen harten, manchmal sogar steinigen Untergrund gegraben wird.

Ohren zu und buddeln...

Eigentlich können diese kleinen Männchen dank ihrer langen Krallen selbst sehr gut graben und sogar ihre Ohren verschließen, damit beim Buddeln keine Erde hinein gelangt. Trotzdem überlassen sie die harte Arbeit oft lieber Erdhörnchen, deren Bau sie entweder zusammen mit ihnen bewohnen oder einfach komplett übernehmen und im Laufe der Zeit nur erweitern.

Perfekte Arbeitsteilung

Arbeitsteilung wird bei den Erdmännchen groß geschrieben: Während die einen entweder nach Nahrung suchen, den Bau erweitern oder einfach nur genießerisch in der Sonne liegen, bewachen andere den Bau. Dabei stehen sie wachsam auf den Hinterfüßen, wobei ihnen die Schwanzspitze als Stütze dient. Sie strecken sich bis auf die Zehenspitzen, um die gesamte Umgebung im Blick zu haben. Die Aufgabenverteilung wechselt übrigens mehrmals täglich.

Erdmännchen kann es gar nicht warm genug sein. Daher nehmen sie ausgiebige Sonnenbäder am Tag und kuscheln sich in der Nacht ganz eng aneinander, damit möglichst wenig Wärme verloren geht.

Flusspferd

Gemütlicher Pflanzenfresser

Die pflanzenfressenden Säugetiere, die trotz des Namens eher mit dem Schwein als mit dem Pferd verwandt sind, findet man heute ausschließlich südlich der Sahara in langsam fließenden Gewässern mit Sandstränden.

Tagsüber dösen die 1,5 bis 3 Tonnen schweren Tiere am liebsten die ganze Zeit im Wasser oder suhlen sich im Schlamm. Erst in der Nacht bewegen sie sich an Land und machen sich dann auf Futtersuche. Dabei vertilgen sie bis zu 40 Kilogramm Gräser und Früchte. Da so eine Menge nicht an einer Stelle wächst – und Flusspferde in Gruppen von bis zu 20 Tieren leben – wandern die schwergewichtigen Vegetarier manchmal fünf oder auch mehr Kilometer in einer einzigen Nacht, um ausreichend zu fressen.

Gern im Wasser, aber schlechte Schwimmer

Flusspferde sind sehr gut an ein Leben im Wasser angepasst: Wenn sie im kühlen Nass dösen, schauen nur Augen, Ohren und Nase heraus, die praktischerweise auf einer Höhe liegen. So können die Flusspferde, obwohl weitestgehend untergetaucht, ihre Umgebung mit allen Sinnen wahrnehmen. Ihre Nasenlöcher und Ohren können Flusspferde verschließen, damit beim Tauchen kein Wasser eindringt. Drei Minuten bleiben sie bequem am Stück unter Wasser.

Maximal kann ein Flusspferd übrigens 15 Minuten lang die Luft anhalten, dann muss es dringend wieder auftauchen! Flusspferde sind schlechte Schwimmer. Meist lassen sie sich einfach im Wasser treiben oder laufen auf dem Grund eines Gewässers entlang. An Land geraten die Schwergewichte sehr leicht ins „Schwitzen" und sondern in der Sonne einen rostbraunen Schleim ab, der die Haut dann wie eine Sonnencreme schützt. Wenn sich die Tiere zu lange ungeschützt in der Sonne aufhalten, bekommen sie, genau wie wir Menschen, einen Sonnenbrand.

Besonders auffallend sind die mächtigen, dolchartigen Eckzähne der Flusspferde, die bis zu 50 Zentimeter lang werden können. Die Zähne wachsen ständig nach und werden durch die Gegenzähne wieder geschliffen. Die unteren Schneidezähne schauen nach vorn aus dem Mund heraus, sie ähneln spitzen Stangen. Beim Abgrasen des

Mahls funktionieren die Zähne fast wie eine Harke. Die mächtigen Zähne sind nicht nur die gefährlichsten Waffen der Flusspferde, Flusspferdzahn wurde häufig auch als Elfenbeinersatz gehandelt – so wurden die Schwergewichte das Ziel von Wilderern.

Flusspferde leben in Herden, die normalerweise aus einem Bullen und mehreren Weibchen sowie deren Jungen bestehen. Allerdings sind die Damen sehr wählerisch: So hat ein Bulle nur eine Chance, wenn er einen Wohnraum von guter Qualität vorweisen kann. Flusspferddamen bevorzugen flache Gewässer mit guten Ausstiegsmöglichkeiten, um bequem an Land gehen zu können. Gute Weideflächen in der Nähe seines Territoriums erhöhen die Chancen des Bullen bei den Damen.

Die Paarung der Flusspferde findet im Wasser statt. Etwa acht Monate später bringen die Flusspferdweibchen im flachen Wasser ein Junges zur Welt. Die Mutter nimmt es umgehend auf die breite Schnauze und hebt es aus dem Wasser, damit es atmen kann. Das ist keine leichte Aufgabe für die Mutter, schließlich bringt der Sprössling bereits knapp 50 Kilogramm auf die Waage.

In den ersten Tagen nach der Geburt vertreibt die Mutter alle anderen Flusspferde aus ihrer Nähe, damit das Junge sich auf sie prägen kann. Danach schließt sie sich wieder der Gruppe an. Gesäugt wird ein Flusspferdbaby unter Wasser. Es muss also tauchen, um zu trinken. Erst nach einem Jahr ernährt es sich wie seine Mutter ausschließlich von Pflanzen. ●

Bootsfahrt

Lehrreiches Abenteuer

Inmitten der Afrikalandschaft Sambesi liegt ein bunter Dorfplatz. Dort finden Sie nicht nur eine Handelsstation (bitte beachten Sie, dass die Zooleitung bedauerlicherweise nur Tauschgeschäfte in der Form „Ware gegen Euro" genehmigt hat), sondern auch das Café Kifaru. So sehr der Erlebnis-Zoo auch Wert auf Authentizität legt: Hier brauchen Sie Ihr Mittagessen nicht selbst zu jagen und zu erlegen, sondern bekommen von den freundlichen Mitarbeitern zum Beispiel den leckeren Sambesi-Burger zubereitet.

Wenn Sie nun ausreichend gestärkt sind, können Sie zu einem weiteren großen Abenteuer aufbrechen. Besteigen Sie eines der 18 Handelsboote der Smith & Johnson Company. Jedes dieser Boote ist ein Einzelstück, das in Handarbeit exklusiv für den *Erlebnis-Zoo Hannover* gefertigt und liebevoll mit vielen afrikanischen Details ausgestattet wurde.

Beware of Crocodiles

Bevor das Boot ablegt, gibt es eine letzte Warnung an die Passagiere: „Beware of crocodiles" steht auf dem Hinweisschild – „Vorsicht vor den Krokodilen"! Die Hände sollten Sie also lieber nicht ins Wasser halten (zwar ist noch nie ein Krokodil gesichtet worden, aber sicher ist sicher...). Während der zwölfminütigen Fahrt haben Sie einen ungestörten Blick auf das bunte Tierleben am Ufer des Sambesi. Ob Nashörner, die sich im Uferschlamm suhlen, Giraffen, die es sich am Flussufer gut gehen lassen, oder Dorkas-Gazellen, die in der Nähe äsen – alle Tiere

sind zum Greifen nah. Auch Marabus, Zebras, Antilopen, Somali-Esel mit lustig gestreiften Beinen und ein rosaroter Schwarm Flamingos lassen sich während der Bootsfahrt entdecken.

Was ist denn das da vorne? Könnten das etwa…? Tatsächlich: Plötzlich sind sie da. Knapp über der Wasserlinie tauchen Augen auf, gefolgt von einer großen Schnauze. Die Flusspferddamen sind auf einer Außenmission unterwegs und geben sich die Ehre. An dieser Biegung des Flusses rutschen die meisten Passagiere in den Sambesi-Booten ein Stück zur Seite, während sie lautlos ganz nah an den Schwergewichten vorbeigleiten.

Aber nur keine Angst: So nahe können die Flusspferde Ihnen nicht kommen.
Die erforderlichen Grenzen zwischen Tier und Mensch sind natürlich vorhanden, fügen sich aber als Geröllstreifen oder Baumstamm getarnt so harmonisch in die Landschaft ein, dass sie nahezu unsichtbar sind. Bleiben Sie also entspannt sitzen und genießen Sie die unvergessliche Fahrt. ●

Addax

Bedrohte Antilopenart

Addax- oder auch Mendesantilopen leben in den Wüsten und trockenen Steppen Nordafrikas. Die Tiere können bis zu 1,15 Meter groß werden und dabei ein Gewicht von bis zu 150 Kilogramm erreichen. Sie tragen gewundene Hörner, die bis zu 90 Zentimeter lang sind. Anhand der Hörner lassen sich auch die Geschlechter unterscheiden: Männchen bringen es auf 2,5 bis 3 ganze Windungen, Weibchen hingegen tragen nur 1,5 bis 2 Windungen auf dem Kopf.

Die Addax leben in Gruppen von bis zu 20 Tieren und legen für die Nahrungssuche sehr weite Strecken zurück. Da die Antilopen keine Territorien verteidigen, schließen sich auch manchmal mehrere Gruppen für den Marsch zusammen.
Addax sind an das Leben in der Wüste bestens angepasst. Sie haben spreizbare, sehr breite Hufe, mit denen sie nicht im weichen Sand einsinken können.
Durch ihr gelb-braunes bis gelblich-weißes Fell sind sie perfekt der Farbe des Wüstensandes angepasst. Tagsüber suchen die Addax schattige Plätze auf und ruhen. Wenn es in der Wüste nachts kalt wird, scharren sie mit ihren Hufen Mulden in den Sand und pressen sich zum Schutz gegen den Wind an den Boden. Selbst Wasser müssen diese perfekten Wüstenbewohner nicht trinken, um zu überleben. Ihnen genügt die in Wüstengräsern und Akazienblättern vorhandene Flüssigkeit.

Trotzdem haben Addax-Antilopen eine eingebaute „Wetterstation", die ihnen sagt, wann und wo in der Wüste Regen fällt. Obwohl die Tiere Wochen und sogar Monate ohne Wasser auskommen können, brechen sie dann schnellstens auf, um zu trinken und um das frische Grün zu fressen, das für kurze Zeit aus dem Wüstenboden wächst.

Parkscout-Tipp

Mehr über den Artenschutz im Erlebnis-Zoo Hannover finden Sie ab Seite 143 in diesem Buch, aber auch unter www.zoo-hannover.de.

Sie möchten Ihr Wissen vertiefen? Informationen über das Europäische Erhaltungszuchtprogramm und einzelne Aktionen zur Rettung bedrohter Tierarten finden Sie auf der Website der „European Association of Zoos and Aquaria" unter www.eaza.net.

Bedrohte Antilopenart

Durch den Menschen bedroht

So perfekt diese Antilopen auch dem Leben in der Wüste angepasst sind und den widrigen Bedingungen seit mehr als einer Million Jahre trotzen – der Bedrohung durch den Menschen hatten sie nicht viel entgegen zu setzen: Anfang des letzten Jahrhunderts war das Fleisch der Addax-Antilope ein begehrtes Gut auf den Märkten der großen nordafrikanischen Städte.
In weniger als einem Jahrhundert hat der Mensch es geschafft, diese Art fast auszurotten: Die Zahl der Tiere ist in den letzten 20 Jahren um über 90 Prozent gesunken. Heute leben nur noch wenige Tiere in der Sahara, die Art gilt als unmittelbar vom Aussterben bedroht.

Zoos in aller Welt versuchen daher seit den 60er Jahren, die Addax zu erhalten. Der *Erlebnis-Zoo Hannover* leitet das Wiederauswilderungsprojekt für die seltene Antilopenart. Über 80 zoogeborene Addax wurden im Rahmen dieses Projektes bereits wieder in zwei Nationalparks in Marokko und Tunesien angesiedelt. Viele dieser Tiere stammen aus dem Zoo in Hannover.

Der Hausesel-Vorfahr

Die Wildesel gelten als Vorfahren unserer heutigen Hausesel, die bereits seit über 6000 Jahren gezüchtet werden. Der Somali-Wildesel war früher in Somali, Äthiopien und Eritrea zu finden. Heute steht er kurz vor dem Aussterben: Die Schätzungen der Bestände in freier Wildbahn bewegen sich im zwei- bis dreistelligen Bereich. In Deutschland leben 35 dieser seltenen Esel in sieben Zoos.

Der Somali-Wildesel fällt vor allem durch seine Beine auf. Sie sind gestreift wie bei einem Zebra. Kurz über dem Knie enden die Streifen und die Fellfarbe wechselt zu grau-braun. Die Eselmähne ist sehr kurz: Die Haare stehen fast senkrecht vom Hals ab. Über den Rücken läuft der sogenannte „Aalstrich", ein langer, dunkler Strich, der typisch für Wildesel und Wildpferde ist.

Die Somali-Wildesel leben in trockenen und steinigen Felswüsten. Sie sind sehr gute Kletterer und haben sich perfekt dem Wüstenklima angepasst: Ein kleiner Schluck Wasser am Tag genügt den Eseln vollkommen, wobei sie auch einige Tage ganz ohne auskommen können. Ihre Nahrung besteht aus Dornbüschen und Gräsern.

Wildesel leben nicht in festen, gemeinsam umherstreifenden Familienverbänden. Man trifft sich, bleibt eine Zeit lang als Gruppe zusammen, und trennt sich anschließend wieder. Für die Zusammensetzung der Gruppen gibt es allerdings strikte Regeln: In der ersten befinden sich nur Hengste, in der zweiten nur Stuten und in der dritten Gruppe Stuten mit ihren Fohlen.

Die stärksten Wildeselhengste besetzen und verteidigen bis zu zehn Quadratkilometer große Territorien, durch die dann die Stuten mit ihren Fohlen ziehen. Andere Hengste werden durchaus geduldet, solange sie sich nicht den Stuten nähern.

Giraffe

Riesige Schönheiten

Die Giraffe ist das höchste Landtier der Welt und wird bis zu sechs Meter groß, wovon alleine bis zu zwei Meter auf den Hals entfallen. Trotzdem hat die Giraffe genauso wie der Mensch nur sieben Halswirbel, welche bei ihr allerdings stark verlängert sind.

Der lange Hals stellt aber auch besondere Anforderungen an das Kreislaufsystem des Tieres, schließlich muss das Gehirn mit genügend Blut versorgt werden. Das Herz der Giraffe wiegt elf Kilogramm, befördert bis zu 60 Liter Blut pro Minute durch den Körper und sorgt für einen Blutdruck, der dreimal höher als der des Menschen ist.

Ein Riese mit griffiger Zunge

Ein Giraffengesicht hat stets einen etwas starren Ausdruck, da die Gesichtsmuskeln nur sehr schwach entwickelt sind – ebenso wie die Kaumuskeln, da das Tier zum Abfressen der Blätter und Gräser nur wenig Kraft braucht. Kommt die Giraffe nicht direkt mit dem Maul an das Grün, nimmt sie ihre bis zu 50 Zentimeter lange Zunge zur Hilfe. Eine besondere Vorliebe haben Giraffen übrigens für dornige Akazienblätter.

Das Tier greift einen Zweig mit seiner Zunge, zieht diesen in sein Maul und weidet durch Zurückziehen des Kopfes die Blätter ab. Zunge und Lippen nehmen trotz der dornigen Äste aufgrund ihrer besonderen Beschaffenheit dabei keinen Schaden. Die meisten Säugetiere, auch der Mensch, be-

wegen sich im Kreuzgang fort:
Dabei wird beim Vorsetzen des rechten Beines der linke Arm bewegt und umgekehrt. Giraffen dagegen marschieren im Passgang: Sie bewegen also immer beide Beine einer Körperhälfte gleichzeitig, daher schaukeln sie beim Gehen ebenso wie zum Beispiel ein Kamel.

Schlaf ist für die Giraffe nur ein kurzes Vergnügen, gehört sie doch zu den Kurzschläfern. Da sie ständig auf der Hut vor ihren Feinden sein muss, dauert ihre Tiefschlafphase nur wenige Minuten, die sie liegend, den Kopf bequem auf dem Rücken abgelegt, verbringt.

Die Tragzeit bei den Giraffen dauert 14 bis 15 Monate. Da das Muttertier bei der Geburt steht, fällt das Neugeborene aus zwei Meter Höhe auf die Welt! Giraffenbabys sind bereits bei der Geburt 1,90 Meter groß und wiegen fast 100 Kilogramm. Die für eine Giraffe so typischen Hörnchen sind bei den Neugeborenen ganz weich, um die Mutter bei der Geburt nicht zu verletzen. Erst nach einigen Tagen richten sich die Hörnchen auf und werden starr. Pro Monat wachsen die kleinen Giraffen etwa acht Zentimeter. 15 Monate trinken sie bei ihren Müttern, um dank der kräftigen Milch ordentlich in die Höhe schießen zu können.

Die kurzen Hörner auf dem Kopf sind abgerundete, hautüberzogene Knochenzapfen, die zeitlebens nicht gewechselt werden. Die Anzahl ist unterschiedlich: Giraffen können zwei bis fünf dieser Hörner ausbilden.

Löwe

Der König der Tiere

Die in Afrika und Asien beheimatete Katze hat mit ihrer kleinen, domestizierten Schwester mehr gemein, als man auf den ersten Blick meinen mag. Auch die Großkatze besitzt im Gesicht Tastborsten und verlässt sich eher auf ihre Ohren und Augen als auf ihre Nase – und das zu Recht. Der Löwe sieht so gut, dass er eine Antilope auf eine Entfernung von über einem Kilometer entdeckt. Außerdem kann er, durch die Überschneidung der Sehfelder seiner beiden Augen, Entfernungen sehr gut einschätzen.

Auch Löwen sind nur Katzen

Auch die Löwenzunge ist der einer Hauskatze sehr ähnlich – nur um einiges größer. Sie ist genauso rau, was ihm bei der täglichen Pflege hilft. Insekten, Parasiten sowie ausgefallene Haare entfernt er damit aus seinem Fell.

Der Löwe lebt, im Gegensatz zu den anderen eher einzelgängerischen Großkatzen, im Rudel. Es kann eine Größe von 3 bis 30 Tieren haben und besteht vor allem aus miteinander verwandten Weibchen.
Das Löwenmännchen schließt sich immer nur temporär einem Rudel an und sorgt für Nachwuchs. Es bleibt nur so lange, bis es durch ein anderes, kräftigeres Männchen vertrieben wird.

Der König der Tiere

Nach etwa 100 Tagen Tragzeit bringt eine Löwin zwischen zwei bis vier Junge zur Welt. Löwenbabys dürfen nicht nur bei ihrer Mutter Milch trinken, sondern sich auch bei anderen Damen der Truppe bedienen, die zur gleichen Zeit Nachwuchs haben – Löwinnen ziehen ihren Nachwuchs immer gemeinsam groß.

Löwen jagen bevorzugt in der kühlen Nacht. Dank einer besonderen Schicht hinter der Netzhaut – dem Tapetum – können Löwen nachts sehr gut sehen. Das Tapetum verstärkt das einfallende Licht. Deshalb sehen Katzen – und das ist ein Löwe nun einmal auch – wesentlich mehr in der Dunkelheit als ein Mensch. Auf dem Speiseplan der Löwen stehen übrigens Huftiere, was auch junge Giraffen mit einschließt. Sie versuchen ihr Glück auch schon mal bei jungen Flusspferden, Nashörnern und Elefanten.

Weibliche Jäger

Die männlichen Löwen mit voll ausgebildeter Mähne sind für die Beutetiere zu gut sichtbar, daher sind die Damen für die Nahrungsbeschaffung zuständig. Oft gehen sie in Rudeln auf Jagd.

Ein großes Beutetier wird bei diesen gemeinsamen Jagdzügen aus verschiedenen Richtungen angegriffen, zu Boden gezwungen und mit einem gezielten Kehlbiss getötet. Übrigens: Dass die Löwinnen das Futter nach Hause bringen, bedeutet nicht, dass sie sich auch als erste daran bedienen dürfen. Zuerst sind die starken Männchen dran, im Anschluss dürfen die Weibchen speisen und für die Jungtiere bleiben dann nur die Reste übrig – wenn überhaupt: Ein ausgewachsener Löwe kann bis zu 40 Kilogramm Fleisch fressen!

Gastronomie in Sambesi

Erlebnisreisen machen hungrig!

Im Gegensatz zu den Teilnehmern einer afrikanischen Safari müssen Sie sich bei der hannoveraner Variante nicht mit kleinen Häppchen und warmen Getränken, auf einer Picknickdecke sitzend, zufrieden geben.

Als Besucher des *Erlebnis-Zoo* haben Sie da ganz andere Möglichkeiten, Ihren Hunger zu stillen. Direkt am Sambesi gelegen, erwartet den hungrigen Gast im Café Kifaru afrikanische Gastfreundschaft und ein thematisch ganz auf den afrikanischen Bereich abgestimmtes Erlebnis für alle Sinne. Wellblechdächer schützen vor der Sonne oder plötzlich einsetzendem afrikanischen Regen, Pfaue stolzieren zwischen den Tischen umher, und strohgedeckte Hütten, geflochtene Korbstühle sowie farbenfrohe Mosaiken versetzen direkt ins tiefste Afrika.

Auf der Speisekarte stehen heiße Hot Dogs, herzhafte Pizza, frische Salate und saftige Sandwiches. Wenn Sie sich ob der großen Auswahl nicht für ein Gericht entscheiden können, empfehlen wir Ihnen den leckeren Sambesi-Burger, der frisch für Sie am Ufer-Grill zubereitet wird.

Aber auch für den kleinen Hunger hält das Café Kifaru so einiges bereit: Eis, Muffins und Kuchen erfüllen auch die süßesten aller Träume. Natürlich sind hier auch heiße und kalte Getränke erhältlich. Stellen Sie sich vor, Sie genießen im Sommer einen frisch gepressten Fruchtsaft und prosten dem Namensgeber des Cafés zu, dem Nashornbullen Kifaru, der Sie von der anderen Seite des Ufers aus beobachtet ... das ist im *Erlebnis-Zoo Hannover* möglich!

Das Café Kifaru kann übrigens auch für Firmen-, Hochzeits- oder sonstige Feiern und Events gemietet werden, die dann nicht nur durch die ungewöhnliche Location zu einem unvergesslichen Erlebnis werden.

Ein wenig Zoo für daheim?

In der Smith & Johnsons Handelsstation finden Sie so ziemlich alles, was ein Entdecker direkt auf seinen abenteuerlichen Reisen gebrauchen kann – und natürlich auch Erinnerungsstücke, um das große Abenteuer zuhause entsprechend noch einmal nacherleben zu können. Stöbern Sie ein wenig im reichhaltigen Angebot!

Hier gilt es nicht nur abenteuerliche Safari-Andenken und afrikanisches Kunsthandwerk zu bewundern – Sie finden auch eine große Auswahl an Stofftieren, die nicht nur die kleinen Besucher begeistern dürften. Angefangen beim majestätischen Löwen über die dunkel gefleckten Giraffen, die possierlichen Erdmännchen, das Respekt einflößende Nashorn bis hin zum schwarz-weiß gestreiften Zebra... hier findet sicher jeder sein Lieblingstier wieder.

Während der niedersächsischen Ferien sowie an Wochenenden erwarten wahre Künstler in der Handelsstation den Besuch der kleinen Zoogäste. In der Schminkstation „Animal Magic“ werden Ihre kleinen Racker innerhalb weniger Minuten in einen gefährlichen Leoparden oder eine stolze Giraffe verwandelt.

Etwas Besonderes für die erwachsenen Besucher des Zoos hat die Smith & Johnsons Handelsstation natürlich auch zu bieten: Krawatten für die Herren und bunte Tücher für die Damen. Diese Textilien werden exklusiv in Südafrika gefertigt und warten hier im *Erlebnis-Zoo Hannover* nun auf willige Käufer (und anschließend Träger).

Wenn Sie an der Bootsfahrt über den Sambesi teilgenommen haben, können Sie hier ein Foto davon erwerben, welches ein wagemutiger Abenteurer unter Einsatz seines Lebens aufgenommen hat – das sollten Sie jedenfalls erzählen, wenn Sie das Bild im Bekanntenkreis herumzeigen. ●

Dschungelpalast

Dschungelpalast

Tierisch belebte Palastruine

Erleben Sie den Zauber Indiens und entdecken Sie seine geheimnisvolle Geschichte. Wo einst Maharadschas prachtvolle Paläste bauen ließen, regieren heute majestätische Tiger, heilige Tempelaffen, kraftvolle Leoparden und graue Riesen – die mächtigen Elefanten.

Tief im indischen Dschungel verborgen, liegt der Palast von Maharadscha Bakhat. Zu seinen Lebzeiten als Förderer der Kultur bekannt, folgten viele wichtige Persönlichkeiten aus Industrie, Politik und Adel den Einladungen zu seinen rauschenden Festen.

Doch auch mit allem Reichtum der Welt konnte sich der Maharadscha kein ewiges Leben erkaufen.

Nach seinem Tod verließen die Menschen den Palast und die Natur eroberte sich ihr Reich in den folgenden Jahrzehnten zurück. Zwischen den mit Moos überzogenen Mauern, Aquädukten und Statuen haben heute andere große Tiere das Sagen.

Maharadschas und andere große Tiere

Um diese einzigartige Ruine entdecken zu können, müssen Sie nicht zu einer langen und beschwerlichen Reise nach Indien aufbrechen. Den ehemals prächtigen Palast finden Sie mitten im *Erlebnis-Zoo Hannover*. Mitten in Hannover ist auf mehr als 12 000 Quadratmetern eine exotische, geheimnisvolle Welt entstanden. Hier haben Tiere aus ganz Asien ihr paradiesisches Reich gefunden.

Zwei riesige Elefantenstatuen bewachen als steinerne Torwächter das Eingangsportal zum Dschungelpalast. Haben Sie keine Angst, sondern treten Sie einfach hinein:

Tierisch belebte Palastruine

Der Anblick, der sich Ihnen jetzt bieten wird, bleibt schlicht unvergesslich – grün überwucherte Säulen und Mauerfragmente im Bambusdickicht, imposante Brunnenanlagen, freskenverzierte Gemächer.

Aus einem leckgeschlagenen Aquädukt rauscht klares Wasser in einer Kaskade die Mauern hinab und sammelt sich in einem einladend frischen Becken. Elegante Elefantendamen nehmen hier ein ausgiebiges Bad oder nutzen den tosenden Wasserfall als Dusche.

Sie sollten sich auf jeden Fall einen guten Platz auf der Palast-Terrasse sichern. Hier bietet sich der ideale Blick auf das Treiben der Elefanten. Als nächstes lädt der reich verzierte Innenhof des Palastes zum Verweilen ein. Von hier aus haben Sie die gesamte

„Elefantöse" Abkühlung am Springbrunnen

Tierisch belebte Palastruine

Elefantenanlage gut im Blick und können die sympathischen Dickhäuter in aller Ruhe beobachten.

Parkscout-Tipp

Zwei steinerne Elefantenspringbrunnen warten im Dschungelpalast auf kleine Eroberer.

Wer mutig genug ist, ihnen den Rüssel zuzuhalten, wird eine Überraschung erleben! Das Wasser spritzt nicht nur zu allen Seiten, es bahnt sich auch einen ganz anderen – unerwarteten – Weg!

Wer weiß, vielleicht nimmt einer der Elefanten ja gerade ein ausgiebiges Sandbad, oder die kleinen Elefanten halten ihre Tanten mit allerlei Unsinn auf Trab, graben Löcher oder klettern rüsselbrecherisch auf den umgestürzten Säulen.

Brennt die indische Sonne, können sich die Elefanten unter die Schatten spendenden Ruinen zurück ziehen, während Sie selbst unter den bunten Zeltdächern bestens geschützt sind.

Affen – fast allein zu Hause

In unmittelbarer Nähe zu den Elefanten haben die Hulman-Languren die ehemaligen

Tierisch belebte Palastruine

Parkscout-Tipp

Verpassen Sie auf keinen Fall die Elefantenshow im Dschungelpalast! Nähere Information finden Sie im Kapitel „Shows“ ab Seite 123.

Gemächer des Maharadschas Bakhat in Beschlag genommen. Hier bekommt der Besucher einen guten Eindruck davon, wie prächtig der Maharadscha lebte. Ein Wandelgang mit Holzpergola, reich verzierten Fenstersimsen und imposanten Statuen bildet da nur den Anfang. Das Gemach selbst ist, auch in diesem verfallenen Zustand, noch immer ein kleiner Traum. Der Boden dieser Schlafstatt des Fürsten ist komplett gefliest. Es versteht sich von selbst, dass diese Fliesen in Handarbeit gefertigte Einzelstücke sind. Gleiches gilt übrigens auch für das kleine Wasserspiel, das munter in ein Becken plätschert.

Die an der Decke angebrachten, aufwändig gestalteten Kronleuchter kamen zu früheren Zeiten nach Anbruch der Dämmerung zum Einsatz. Von ihrem Licht wurden die auf den Wänden aufgemalten Fresken angeleuchtet. Eines davon zeigt übrigens einen Maharadscha – komplett mit Turban, dreieckigen Koteletten und Schnurrbart.

Hulman-Languren toben in den Gemächern des Maharadschas.

Tierisch belebte Palastruine

Im verfallenen Palast-Seitenflügel haben Tiger ihr Reich.

Ob es sich hierbei um den ehemaligen Besitzer dieser Prachtanlage handelt, ist leider nicht überliefert worden.

Die derzeitigen Bewohner sind mit den Gegebenheiten, die sie bei der Eroberung vorgefunden haben, allerdings auch mehr als zufrieden. Statuen, Simse und Vorsprünge bieten den Hulman-Languren, den heiligen Tempelaffen, nämlich ideale Voraussetzungen für wilde Verfolgungsjagden durch die Gemächer. Die vorwitzige Affentruppe nutzt jede sich bietende Gelegenheit aus, um große Sprünge zu machen. Erklärtes Ziel hierbei sind die Kronleuchter, an denen es sich so herrlich schaukeln lässt. Wird die heiße Jagd einem der Teilnehmer etwas zu wild, wird er seine übermütigen Spielkameraden schon mit ein paar Spritzern aus dem Wasserspiel abkühlen.

Auch die anderen Teile des Palastes haben Tiere erobert. Die majestätischen Tiger haben einen verfallenen Seitenflügel des Palastes für sich in Anspruch genommen. Hier warten sie ungeduldig auf die Zoobesucher. Der Weg zu den großen Katzen führt über eine kleine Holzbrücke, die nicht gerade stabil aussieht. Keine Angst, die Brücke wird das schon aushalten... oder?

Tierisch belebte Palastruine

Im herrlichen Palastgarten leben die Leoparden im Bambusdickicht. Eigentlich wollte der Ur-Ur-Ur-Urenkel des Maharadschas diesen Garten in seiner einstigen Pracht für den Tourismus wieder herrichten lassen. Doch kaum hatten die ersten Bauarbeiten begonnen, entdeckten die Handwerker plötzlich Leoparden. Kurzerhand überließ der Nachfahre des Maharadschas dieser stark bedrohten Tierart ihr Reich. Hals über Kopf flohen die Arbeiter aus dem Palastgarten – die Baugerüste aus Bambus und der indische Lieferwagen mit den Baumaterialien wurden einfach zurückgelassen. Auf der Baustelle zwischen Gerüsten, verblichenen Wandmalereien und prächtigen Springbrunnen haben es sich die Leoparden inzwischen gemütlich gemacht.
In der Palasthalle – abgetrennt von den Leoparden, versteht sich – befindet sich übrigens der orientalische Basar. Hier können die Besucher ein kleines Stück Indien für zuhause erwerben.

Ein kleiner Schritt: Von Indien nach Nepal

Direkt hinter dem Dschungelpalast ändert sich die Landschaft dramatisch. Eben noch sind Sie an einem weiteren steinernen Elefanten vorbei geschritten, plötzlich umgeben Sie bizarr gewachsene alte Zedern und Kiefern. Wenn Sie genau hinhören, nehmen Sie auch schon das Rauschen eines Wasserfalls wahr, der in der Nähe über eine Felsformation fällt.

Im *Erlebnis-Zoo Hannover* bedarf es nur eines einzigen Schrittes, um vom indischen Dschungel zum Himalaja zu gelangen. Schreiten Sie also durch das Pagodentor mit den rot leuchtenden Pfosten und schon liegt das Dach der Welt vor Ihnen. Die Himalaja-Anlage ist mit dichtem Unterholz und zahlreichen Klettermöglichkeiten ausgestattet. Sie ist die Heimat von zwei Kleinen Pandas und den Muntjaks geworden. Würde man letztere nicht mit eigenen Augen sehen können, dürften Geschichten über sie definitiv ins Reich der Fabeln verwiesen werden. Mit ihren kleinen Geweihstümpfen auf dem Kopf und den verlängerten Eckzähnen alleine sorgen sie schon für Aufregung. Doch damit aber nicht genug: Sie bellen bei Gefahr auch noch wie Hunde. Das hat diesen faszinierenden Tieren dann auch den mehr als passenden Namen „Bellhirsch" eingebracht.

Muntjak oder Bellhirsch: Das „fabel"-hafte Aussehen macht es so interessant und geheimnisvoll...

Elefant

Die asiatischen Dickhäuter

Während für die Besucher vor allem die Kulisse des Dschungelpalastes beeindruckend ist, lag das Hauptaugenmerk bei der Planung viel eher auf den tierischen Ansprüchen.

Die Gestalter konzentrierten sich darauf, Gehege nach den neuesten zoologischen Erkenntnissen für eine zukunftsweisende Tierhaltung zu bauen. Und so verfügt das Reich der Elefanten über verschiedene Bodenarten, Sand- und Lehmkuhlen, Scheuermöglichkeiten für die Hautpflege, Schatten- und Regenplätze, einen großen Badepool und einen eigenen Mutter-Kind-Bereich. Auch der imposante Bulle nennt ein weitläufiges Areal sein Eigen: Elefantenbullen sind Einzelgänger und besuchen die Elefantenkühe nur zur Paarungszeit. Steht dem Bullen der Sinn nach Gesellschaft, muss lediglich ein schweres Holztor in der Palastwand geöffnet werden.
Ganz offensichtlich fühlen sich die Elefanten in ihrem Dschungelpalast sehr wohl:

Die asiatischen Dickhäuter

Zwei Elefantenbabys wurden hier bereits geboren, ein weiterer „Minifant" wird im November 2005 erwartet!

Im indischen Dschungelpalast des *Erlebnis-Zoo Hannover* leben Asiatische Elefanten. Von ihren afrikanischen Verwandten sind sie leicht zu unterscheiden: Sie sind kleiner, ihre Haut ist glatter und ihre im Vergleich geradezu zierlichen Ohren haben die Form des indischen Subkontinents – während die riesigen Ohren des Afrikanischen Elefanten im Umriss Afrika ähneln. Ein weiteres, aber nicht zu übersehendes Unterscheidungsmerkmal: Bei den Afrikanischen Elefanten tragen Männchen und Weibchen Stoßzähne. Bei den Asiatischen Elefanten haben nur die Bullen die imposanten Elfenbeinzähne. Die der Weibchen sind kaum ausgebildet und oft gar nicht zu erkennen.

Der Rüssel der Elefanten hat sich im Laufe der Entwicklung aus Nase und Oberlippe gebildet. Er enthält keine Knochen, sondern besteht ausschließlich aus Muskelgewebe: Rund 60 000 Muskeln hat der Elefant in seinem Rüssel! Und genau das ist auch der Grund, warum er ihn so universell einsetzen kann. Mit dem Rüssel riecht und atmet der Elefant. Er nutzt ihn aber auch als eine Art Ersatzhand, greift damit sein Futter – Gras, Heu, Äste, Baumrinden – und stopft es sich in den Mund. Etwa 200 Kilogramm Grünfutter frisst ein Elefant am Tag.

Rüssel vor – Wasser marsch

Selbst beim Trinken ist der Rüssel für den Elefanten extrem hilfreich, auch wenn er nicht durch ihn trinkt – er würde sich dabei ebenso verschlucken wie wir, wenn wir aus Versehen durch die Nase trinken!

Der Elefant saugt das Wasser nur an und spritzt es sich dann ins Maul. Eine Rüsselfüllung fasst dabei etwa zehn Liter. Bis zu 100 Liter Wasser trinkt ein Elefant am Tag auf diese Weise.
Manchmal kühlen sich die Dickhäuter auch mit Hilfe ihres Rüssels: Sie saugen Wasser in ihrem Rüssel auf und spritzen es sich dann über ihren Kopf – eine perfekte Dusche! Zur Körperpflege können Elefanten sogar Sand mit dem Rüssel aufsaugen und sich damit einpudern.

Als Tastwerkzeug ist der Rüssel ebenfalls durch nichts zu ersetzen. Mit der sensiblen Rüsselspitze können Elefanten selbst Münzen vom Fußboden aufheben.

Elefanten kommunizieren sogar mit dem Rüssel. Sie nutzen ihn, um sich gegenseitig zu beschnuppern und zu betasten. Droht Gefahr, warnt der Elefant durch ein schrilles Rüssel-Trompeten seine Familie.

Der Elefant hat sehr große und plump wirkende Füße – dabei geht ein Elefant eigentlich nur auf den Zehenspitzen! Unter den steil aufgerichteten Fußknochen liegt ein dickes, weiches Polster aus Bindegewebe. So verteilt sich das Gewicht des Elefanten auf eine große Fläche. Dank des dicken Sohlenpolsters geht ein Elefant trotz seines enormen Gewichts nahezu lautlos.

Wie läuft ein Elefant eigentlich? Die meisten Säugetiere, wie zum Beispiel der Mensch, bewegen sich im Kreuzgang fort. Setzen sie das rechte Bein vor, wird der linke Arm bewegt und umgekehrt. Der Elefant hingegen marschiert im Passgang durch die Weltgeschichte. Bei dieser Gangart werden immer die beiden Beine einer Körperhälfte gleichzeitig bewegt. Das resultiert in einem schaukelnden Gang, den man auch bei Giraffen oder Kamelen beobachten kann.

Kühlung mit den Ohren

Im Verhältnis zu seiner Körpermasse hat ein Elefant nur sehr wenig Hautoberfläche, über die er den Wärmehaushalt seines Körpers vernünftig regulieren könnte. Ein Elefant kann nämlich nicht schwitzen wie wir Menschen, er muss die Wärme seines Körpers also auf andere Weise abgeben: mit den Ohren! Die großen Ohren sind sehr stark durchblutet. Das erhitzte Blut des Körpers wird in diesen zahllosen Äderchen ab-

Die asiatischen Dickhäuter

gekühlt. Durch das stetige Wedeln mit den Ohrlappen wird der Kühlungsmechanismus noch verstärkt. Aus diesem Grund sind die Ohren bei den Afrikanischen Elefanten auch deutlich größer, da sie öfter und länger der prallen Sonne ausgesetzt sind als die Asiatischen Elefanten, die eher in schattigen Wäldern leben.

Elefanten leben in Herden, die aus bis zu 30 Mitgliedern bestehen können. Angeführt werden diese Herden meistens von einem älteren weiblichen Tier. Dank ihrer Lebenserfahrung und des sprichwörtlich guten Elefantengedächtnisses, kennt die Leitkuh genügend Wasser- und Futterplätze, um ihrer Herde das Überleben zu sichern. Elefanten sind sehr soziale Tiere: Alte und verletzte Tiere werden von der Gruppe gemeinsam beschützt – ebenso, wie der neugeborene Elefanten-Nachwuchs. Apropos Nachwuchs: Elefanten sind das ganze Jahr über bereit zur Paarung. Eine „elefantöse“ Schwangerschaft dauert fast zwei Jahre, das Kalb kommt mit einem Gewicht von bereits 100 Kilogramm auf die Welt. Erste schwierige Aufgabe für ein Elefantenbaby: Es muss lernen, seinen schlacksigen Rüssel hochzuklappen, um mit dem Mund an den Zitzen zu saugen. Die Zitzen der Elefantenmutter befinden sich – anders als bei fast allen übrigen Säugern – zwischen ihren Vorderbeinen. Zehn Liter der sehr fetten Elefantenmilch nimmt ein Rüsselbaby täglich zu sich.

Von Natur aus sind Elefanten sehr gutmütige Tiere, was auch damit zusammen hängt, dass sie keine natürlichen Feinde haben. Wenn sie allerdings gereizt werden, wissen sie sich durchaus zu wehren: Ein Schlag

Die asiatischen Dickhäuter

mit ihrem langen, kraftvollen Rüssel kann tödlich sein.

Elefanten lernen blitzschnell und lassen sich gut dressieren. Das haben sich die Menschen zunutze gemacht und Elefanten, vor allem in asiatischen Ländern, als Arbeitstiere abgerichtet. Kein Wunder, können die Tiere doch einen Baumstamm ohne große Probleme alleine wegtragen.

Auch die Asiatischen Elefanten sind durch die Zerstörung ihres Biotops vom Aussterben bedroht. Der *Erlebnis-Zoo Hannover* beteiligt sich am Europäischen Erhaltungszuchtprogramm für Asiatische Elefanten. Die bedrohten Tiere werden hier im Zoo gezüchtet, um damit ihren Bestand zu sichern. Das langfristige Ziel ist es, die Tiere nach Möglichkeit wieder in ihren angestammten Lebensräumen anzusiedeln.

Tiger

Jäger und Einzelgänger

Eigentlich sind Katzen ja wasserscheu – fragen Sie mal jemanden, der auf die Idee gekommen ist, seinen kleinen Stubentiger zu baden: Ein zerstörtes Badezimmer und ziemlich vernarbte Hände sprechen Bände.

Eine Ausnahme bildet da ausgerechnet die größte aller Raubkatzen: der sibirische Tiger. Er ist ein exzellenter Schwimmer, für den auch breite Flüsse kein Hindernis darstellen. Daher darf es nicht verwundern, dass neben Antilopen, Hirschen und Rindern auch schon mal Fische, Schildkröten und sogar Frösche ihren Weg in seinen Magen finden.

Der sibirische Tiger (auch Amur-Tiger genannt) lebt vor allem in Ostsibirien. Ein langes, dichtes Fell schützt den Tiger vor den dort herrschenden eisigen Temperaturen. Der Amur-Tiger hat die sibirischen Wälder zu seinem Lebensraum auserkoren.
Im Spiel von Licht und Schatten der Bäume ist der Tiger dank seiner schwarz-gelben Streifen kaum zu erkennen – die perfekte Tarnung für eine Raubkatze. Sein bevorzugtes Jagdrevier sind Wasserstellen: Im hohen Schilfgras verschmilzt der Tiger geradezu mit seiner Umgebung. So kann sich die größte aller Raubkatzen meist unbemerkt an ihre Opfer heranschleichen. Sobald die Beute nah genug ist, sprintet der Tiger los und springt das Tier von hinten oder von der Seite an. Er schlägt seine Klauen in seine Beute und erlegt sie mit einem Biss in den Hals.

Ein echter Einzelgänger

Tiger gehen alleine auf die Jagd, wobei sie viel Zeit damit verbringen, nach Beutetieren Ausschau zu halten. Wie alle Katzen haben sie hervorragende Augen und können nachts deutlich besser sehen als zum Beispiel der Mensch. Für die ungetrübte Nachtsicht ist eine besondere Schicht hinter der Netzhaut zuständig: das Tapetum. Hier wird einfallendes Licht um ein Vielfaches verstärkt. Dem Tiger ist es so möglich, seine Beute auch bei Nacht zu sichten und zu jagen.

Auch mit seinem Gehör unterscheidet sich der Tiger nicht von anderen Katzen. Egal, ob Großkatze oder Hauskatze: Katzen können ihre Ohren voneinander unabhängig bewegen und sich somit auf verschiedene Geräusche gleichzeitig konzentrieren. Mit den hervorragenden Augen und Ohren sind die Tiere bestens gerüstet für die Jagd.

Ohrensprache

Allerdings benutzen Tiger die Ohren nicht nur zum Hören, sondern auch als Kommunikationsmittel. Sie können über die Stellung der Ohren ihre momentane Stimmung ausdrücken. Werden die Ohren seitlich ganz eng an den Kopf angelegt, hat der Tiger eine Abwehrhaltung eingenommen, da er einen Angriff erwartet. Stehen die Ohren hingegen ganz gerade und senkrecht nach oben, hat irgendetwas das Interesse der Katze geweckt, welchem sie jetzt ihre ganze Aufmerksamkeit widmet. Ein bevorstehender Angriff wird netterweise ebenfalls signalisiert: Der Tiger stellt seine Ohren halb auf und dreht diese nach hinten. Dadurch werden die weißen Flecken sichtbar, die er auf der Rückseite seiner Ohren hat.

Tagsüber ruht der Tiger bevorzugt in Felshöhlen oder umgestürzten Bäumen. Erst mit Anbruch der Dämmerung macht er sich auf die Jagd, wobei er in einer einzigen Nacht mehr als 30 Kilometer bei der Suche nach Beute zurücklegen kann.

Leopard

Gefleckte Eleganz und Schönheit

Der Leopard ist die kleinste, aber am weitesten verbreitete Großkatze: Man findet sie in Afrika und Asien. Dank ihrer großen Anpassungsfähigkeit fühlt sie sich fast überall zuhause – egal ob in der Wüste oder im Regenwald, im Gebirge oder dem Flachland. Entsprechend ihrer weiten Verbreitung haben sich einige Unterarten entwickelt. Im Palastgarten des Dschungelpalastes lebt zum Beispiel der Persische Leopard.

Auch der schwarze Panther ist ein Leopard. Das Tier weist eine übermäßige Pigmentierung auf, was sich in einer schwarzen Fellfärbung niederschlägt. Er bildet damit das Gegenstück zum Albino, dem es an Farbpigmenten mangelt.
Allerdings hat auch der schwarze Panther das für Leoparden typische gefleckte Fell. Bei besonderen Lichtverhältnissen lassen sich die Flecken gut erkennen.

Sein schön geflecktes Fell, das ihn hervorragend tarnt, ist dem Leoparden allerdings auch beinahe zum Verhängnis geworden. Als Jagdtrophäe ist das Fell immer noch sehr begehrt. Heute ist der Leopard vom Aussterben bedroht.

Immer kraftvoll zubeißen

Leoparden suchen sich für ihre Jagd erst einmal einen guten, hoch gelegenen Aussichtsplatz. Das kann zum Beispiel auch ein Baum in der Nähe eines Wasserlochs sein. Hauptsache, sie haben einen guten Überblick über die Umgebung.

Leoparden gehen bevorzugt erst mit Einbruch der Dämmerung auf die Jagd. Wenn sie ein potentielles Opfer ausgemacht haben, schleichen sie sich sehr nahe an ihre zukünftige Beute heran. Eine Flucht ist für das Opfer nahezu unmöglich. Hat der Le-

opard sein Opfer erst gepackt, gibt es kein Entkommen mehr: Mit einem kräftigen Biss in die Kehle wird die Beute erlegt. Was der Leopard frisst, hängt vom jeweiligen Nahrungsangebot ab. Auf seiner Speisekarte stehen Affen, Vögel und kleine Huftiere. Was auch immer er erbeutet haben mag: Der Leopard frisst seine Beute niemals dort, wo er sie erlegt hat.

Das tote Tier wird auf einen Baum gezerrt und fest in eine Astgabel geklemmt. So hat der Jäger Vorrat für die nächsten Tage. Oben auf dem Baum sichert er seine Nahrung auch vor dem Zugriff anderer nicht kletternder Räuber wie zum Beispiel Hyänen oder Löwen. Bei dem Transport muss die Großkatze erhebliche Kräfte aufwenden, da ihre Beute häufig um ein vielfaches schwerer ist, als sie selbst.

Mythologie

Auf Bildern und in Legenden aus demklassischen Altertum steht der Leopard für Schönheit und Stärke. Besonders Bacchus, der griechische Gott des Weines, ist oft mit der gefleckten Raubkatze abgebildet.

Hulman-Langur

Affe mit legendärem Vorfahr

Eine indische Sage erzählt, dass Sita, die Angetraute des Hindugottes Vishnu, von dem Riesen Ravana nach Sri Lanka verschleppt wurde. Der Affengott Hanuman befreite die Gefangene aus den Klauen Ravanas und verhalf ihr zur Flucht. Bei dem Kampf trug er Verletzungen davon: Hanuman verbrannte sich das Gesicht sowie Hände und Füße.

Die Hanuman-Languren (auch Hulman-Languren genannt) gelten als direkte Nachfahren von Hanuman. Entsprechend den Verletzungen, die ihr Vorfahr davongetragen hat, sind Gesicht, Hände und Füße dieser Affen schwarz. Ihr restliches Fell erstrahlt in einem edlen Silbergrau.
Hulmans leben in Junggesellen- oder „Ein-Mann-Gruppen". In letzterer Gruppe regiert ein Mann unter vielen Frauen, er ist der uneingeschränkte Boss der Affenbande. Klingt toll, ist aber sehr anstrengend. Ständig versuchen die starken Männchen aus den reinen Männergruppen, ihm die Chefposition streitig zu machen. Es kommt zum Kampf, der stärkere Hulman darf den Harem übernehmen – und genießen.
Die Verhaltensweise der Hulman-Languren untereinander scheint auf den ersten Blick ungewöhnlich. Freunden demonstrieren sie ihr Vertrauen nämlich dadurch, dass sie einfach an ihnen vorbeischauen. Misstrauen hingegen wird durch direkten Augenkontakt signalisiert. „Sich gegenseitig im Auge behalten" nehmen diese Tiere wörtlich.

Hulman-Languren sind furchtbar wasserscheu und können nicht schwimmen. Brauchen sie aber auch gar nicht. Wenn sie zum Beispiel einen Fluss überqueren müssen, springen sie einfach darüber.
Wenn es sein muss, können diese kleinen Affen eine Distanz von zehn Metern mit einem einzigen Sprung zurücklegen.

Lieblingsspeise: Bambus

Der Name des Kleinen Panda ist aus dem nepalesischen „Nigalya ponya" abgeleitet. Das heißt soviel wie „Bambusfresser" und beschreibt die Lieblingsbeschäftigung des Kleinbären damit treffend. Kleine Pandas leben im Himalaja und in den Bergen der chinesischen Provinz Sichuan versteckt in dichten Bambuswäldern.

Der possierliche Kleine Panda hat ein langes, dichtes, leuchtend rotes Fell, das ihn vor Eis und Kälte schützt. Die langen Haare lassen sein Gesicht breiter erscheinen als es ist. Bis zur Schulter ist er nur 35 Zentimeter hoch. Durch die kurzen Beine und den langen Schwanz hat der Kleine Panda Ähnlichkeit mit einer Katze – daher wird er auch Katzenbär genannt und ist übrigens damit einziger Vertreter dieser Gattung.

Daumen hoch

Der Kleine Panda ernährt sich, wie sein großer Namensvetter, von Bambus. Aus

diesem Grund hat die Natur ihm ein nützliches Werkzeug mit auf den Weg gegeben: Er hat an der Innenseite der Hand einen „falschen Daumen", eine Art verlängerter Knochen. Hiermit kann der Katzenbär den Bambus hervorragend greifen.

Die rotbunten Katzenbären bersten nicht gerade vor Tatendrang. Einen großen Teil des Tages verbringen sie damit, sich auszuruhen und in der Sonne zu liegen. Dabei sind die Kleinen Pandas nicht faul. Sie müssen einfach Energie sparen, weil der Bambus nicht sehr nährstoffreich ist.

Muntjak

„Minihirsch" mit scharfen Eckzähnen

Muntjaks sind Hirsche, die im Unterholz der dichten, unübersichtlichen süd- und südostasiatischen Wälder leben. Sie tarnen sich im Dickicht der Pflanzen und schlüpfen sehr geschickt durch das Unterholz. Man nennt sie deswegen auch „Buschschlüpfer". Die kleinen Hirsche werden aktiv, wenn es dunkel wird. Im Dunkeln gehen sie dann auf Jagd. Muntjaks müssen sich gut tarnen, denn sie haben viele Feinde wie Rothunde, Tiger und Leoparden.

Lassen Sie sich aber nur nicht von der Bezeichnung „Hirsche" verwirren: Diese Tiere erreichen bei weitem nicht die Größe unserer heimischen Geweihträger. Tatsächlich gehören sie mit einer Körpergröße von nur 40 bis 70 Zentimetern zu den kleinsten Hirschen der Welt.

Muntjaks sind echte Allesfresser: Neben Pflanzen und Früchten steht auch Aas auf ihrer Speisekarte, und dann und wann erlegen sie selbst kleinere Beutetiere.

Hirsche im Kleinformat

Das Geweih der „Minihirsche" ist entsprechend ihrer Körpergröße klein ausgefallen: Bei einer Länge von etwa 15 Zentimetern können sich auch nicht mehr als ein oder zwei Enden ausbilden. Weitaus respekteinflößender sind da schon die verlängerten Eckzähne im Oberkiefer der männlichen Muntjaks!

Muntjaks leben einzeln oder in Kleingruppen, wobei die Böcke ihre Reviere erbittert verteidigen. Das Geweih spielt in den Kämpfen nur eine untergeordnete Rolle: Die Eckzähne dienen in solchen Fällen als Waffen.

Ihren Spitznamen „Bellhirsche" haben sie sich übrigens durch ihren Warnruf eingehandelt: Bei Gefahr geben die Hirsche kläffende Laute von sich. Selbst über weite Distanzen ist dieser Ruf noch gut zu hören.

Nicht nur Asian Food

Indien ist sehr berühmt für seine aromatischen Gerichte und unwiderstehlich duftenden Gewürze. Auch im Dschungelpalast im Erlebnis-Zoo Hannover kann sich der Besucher einen köstlichen Eindruck von den Leckereien verschaffen, die das geheimnisvolle Land in Asien bietet.

Planen Sie auf jeden Fall einen Stopp bei der Wok-Station ein: Hier werden die köstlichsten indischen Gerichte mit viel knackigem Gemüse direkt vor Ihren Augen im Wok zubereitet – frischer geht es nicht mehr.

Für den (allerdings sehr unwahrscheinlichen) Fall, dass Sie der Meinung sein sollten, der Koch sei zu sparsam mit Gewürzen umgegangen – kein Problem: Halten Sie einfach noch kurz an der gut sortierten Gewürzbar an und geben Sie dem Gericht Ihre ganz individuelle Geschmacksnote. Sollte das Ganze dann zu „spicy" geworden sein, wird zu jedem Gericht Reis serviert, mit dem Sie die Schärfe auf leckere Weise wieder mildern können.

Die Wok-Station wird Ihnen auf jeden Fall ein unvergessliches kulinarisches Erlebnis bescheren.

Vielleicht doch etwas kontinentaler?

Wenn Sie es etwas kontinentaler mögen, aber auf die indische Atmosphäre nicht verzichten möchten, ist das Palast-Bistro der richtige Ort für Sie. Hier stehen knackige Salate, knusprige Pommes Frites sowie die immer und überall beliebte Currywurst auf der Karte. Sollten Sie auf der Suche nach dem ultimativen indischen Erlebnis sein – das ist auf der angeschlossenen Palast-Terrasse möglich. Während Sie hier unter freiem Himmel die exotischen Curry-Chicken-Wraps oder das unwiderstehlich leckere Thai Green Curry genießen, können Sie gleichzeitig einen Blick auf die Elefanten und Tiger werfen. Ein wahrhaft majestätischer Genuss!

Asien zum Mitnehmen

Dort, wo sich einst die Haupthalle des fürstlichen Palastes befand, haben heute Händler einen Basar aufgebaut. Bevor Sie jetzt aber auf die Idee kommen mit den anwesenden Verkäufern über den Preis der Waren verhandeln zu wollen: Es ist eigentlich ein Souvenirgeschäft. Allerdings ist es, wie alle Einrichtungen des Erlebnis-Zoo Hannover, so detailverliebt eingerichtet worden, dass man sich fast wie beim Besuch eines Marktes in Indien fühlt.

Die riesige Auswahl an Produkten dürfte es für jeden Besucher schwer machen, nicht etwas Passendes zu finden. Während sich die kleinen Besucher vor allem für die Stofftiere begeistern werden, die hier zum Beispiel in Form von Elefanten, Leoparden und natürlich auch Tigern zu finden sind, wird das Herz der Damen beim Anblick der Sarees frohlocken. Bei dem Saree, auch Sari genannt, handelt es sich um ein indisches Kleidungsstück, das von Frauen als Wickelrock getragen wird. Das etwa sechs Meter lange Tuch ist nicht genäht, so dass die richtige Wickeltechnik erst erlernt werden muss – allerdings behelfen sich auch indische Frauen gerne mit Sicherheitsnadeln, um den perfekten Sitz zu erreichen. Wenn es hingegen etwas wirklich Ausgefallenes sein soll – wie wäre es mit einem T-Shirt, das Elefantendame Sayang in schwierigster Rüsseltechnik bemalt hat?

Möchten Sie Ihre Wohnungseinrichtung um einige asiatische Accessoires bereichern, werden Sie auf dem Basar auf jeden Fall fündig. In Thailand oder Indonesien gefertigte Kunstgegenstände wie Buddhas und Elefanten warten hier auf Käufer. Alles, was zur Entspannung wichtig und richtig ist, wird hier feilgeboten: ob Klangkugeln oder Räucherstäbchen – hier finden Sie es!

Gorillaberg

Gorillaberg

Der Evolution auf der Spur

Mitten im Herzen des Erlebnis-Zoo Hannover erhebt sich der Gorillaberg. Er ist nicht nur für seine Bewohner eine einzigartige Welt, auch die Besucher erwartet ein unvergessliches Erlebnis, wenn sie die schönste Anlage für Menschenaffen in Europa entdecken.

Am Fuß des Berges werden Sie zuerst von Gibbons begrüßt. Das muntere, lautstarke Pärchen baumlebender Primaten hat es sich auf einer eigens für sie angelegten Insel bequem gemacht. Hier finden die kleinsten Menschenaffen zahllose Klettermöglichkeiten und haben jede Menge Platz, um nach Herzenslust herumzutollen. Hoch in den Baumwipfeln sitzend nehmen sie mit ihrem morgendlichen Gesang ihre Insel je-

Unvergessliche Begegnungen

den Tag aufs Neue in Besitz. Bei kühleren Temperaturen oder Regen können sich die Tiere problemlos in ihre warme Höhle zurückziehen. Die ist in dem künstlichen Felsen versteckt, der an der Rückseite der Insel aufragt. Übrigens: „Insel" ist hier durchaus wörtlich zu nehmen. Das Gibbon-Reich liegt inmitten eines idyllischen Sees.

Folgen Sie dem Weg weiter auf den Gorillaberg. Nach kurzer Zeit kommen Sie an eine Ausgrabungsstelle, die man so auch in Ostafrika finden könnte. Offensichtlich haben die Archäologen diesen Platz erst vor kurzem verlassen: Quer über das Feld verteilt liegen Werkzeuge. Und wenn Sie genau hinsehen, erkennen Sie auch die Knochenfunde, die hier bereits teilweise freigelegt wurden. Direkt neben der Grabungsstelle sind aufschlussreiche Fundstücke auf einem Tisch ausgestellt: Schädel und Unterkiefer aus den verschiedensten Jahrhunderten. Raten Sie doch einmal, welcher der Schädel zum Menschen und welcher zum Tier gehört! Ist der große von einem Gorilla oder gehörte er zu einem Neandertaler? Sie können die knöchernen Erinnerungen an die Menschheitsgeschichte natürlich auch anfassen – eine Mitnahme als Souvenir scheidet, dank guter Befestigung am Tisch, allerdings aus.

Parkscout-Tipp

Direkt gegenüber dem Forschercamp befinden sich in den Fels eingelassene Klettermöglichkeiten. Hier haben die kleinen Besucher Gelegenheit, an Seilen herauf zu klettern und ihre Leistung so mit denen der Menschenaffen zu vergleichen.

Nachdem Sie Ihren potentiellen Vorfahren kräftig auf den Zahn gefühlt haben, führt Sie der Weg weiter über eine kleine Brücke. Die Überquerung gleicht einer Reise in die graue Vorzeit der Menschheit. Auf der anderen Seite liegt eine etwas versteckt gelegene Blätterhütte. Diese einfachen Hütten dienten den frühen Menschen als Schutz vor Sonne und Regen. Rund um die Hütte

liegen einfache Gebrauchsgegenstände. Offensichtlich ist die Hütte also bewohnt, aber wo mögen wohl die Besitzer sein? Die Antwort finden Sie hinter der nächsten Weggabelung.

Ein neuer Anfang

Auf der rechten Seite sehen Sie in einer Höhle die Darstellung einer Familienszene aus früher Vorzeit: Neandertaler beerdigen einen Verstorbenen. Ein Familienmitglied kniet auf dem mit Blumen übersäten Boden und erweist der Toten seine letzte Ehre. Neandertaler hatten entgegen ihres Rufs bereits eine Vorstellung von Tod und Transzendenz.

Gegenüber befindet sich direkt neben dem Weg die Skulptur eines ausgewachsenen Gorillaweibchens, das gerade sein Junges im Arm hält. Die beiden scheinen die trauernden Menschen zu beobachten.

Nur ein paar Schritte weiter werden Sie aber schon wieder ins volle Leben zurückgeholt. Vor Ihnen öffnet sich eine Höhle. Treten Sie ein und entdecken Sie das Reich der Gorillas: eine große, grüne, traumhafte Lichtung mitten im Urwald, mit Was-

Parkscout-Tipp

Haben Sie während Ihres Aufstiegs auf den Gorillaberg den unebenen Bodenbelag bemerkt? Ab der Ausgrabungsstelle wandeln Sie auf dem Evolutionspfad. Eine Spurenfolge zeigt die Entwicklung der Menschenaffen, die andere dokumentiert die des Menschen und seines Wegs in die Zivilisation. Angefangen von Spuren nackter Füße über Schuhabdrücke bis hin zu Reifenspuren, die am Wrack des Jeeps enden... Hier wandeln Sie auf den Spuren der Evolution!

serfall, Bachlauf und Teich. Hier können die größten Vertreter der Menschenaffen unter freiem Himmel den Kletterbaum erstürmen, an Baumstämme gelehnt in der Sonne dösen, mit Bambus-Ästen im Termitenhügel nach Leckereien suchen oder einfach nur herumtollen. Schatten und Unterschlupf (schließlich regnet es auch in Afrika hin und wieder) finden die Gorillas in einer Felsenhöhle – oder sie kuscheln sich an die großen überdachten Scheiben, vor denen Sie gerade stehen. Hier können die Besucher den friedlichen Menschenaffen direkt in die braunen Augen blicken!

Gegenüber der Lichtung liegt ein verlassenes Forschungs-Camp mit Zelt, Feldbett, Fotoapparat, Kisten und Truhen. Offensichtlich haben die Wissenschaftler monatelang in der kargen Behausung gelebt und die sanften Riesen beobachtet. Die Notizen der Freilandforscher über die Gorillafamilie sind gut geschützt ausgehängt und für jedermann lesbar. Welche Mühen und Gefahren die Forscher des letzten und diesen Jahrhunderts auf sich genommen haben, um Erkenntnisse über die Menschenaffen zu sammeln, zeigt das Wrack eines Jeeps im Urwalddickicht. Was aus dem Fahrer und seinen Kollegen geworden ist, wird wohl nie geklärt werden...
Damit sind Sie am Fuße des Gorillaberges angekommen, und die Bewohner des Urwaldhauses warten schon ganz ungeduldig auf Ihren Besuch. ●

Unten links: Quirlige Gibbons
Unten rechts: Wohlbehütet in Mutters Armen
Links, oben: Evolutionstisch an der Ausgrabungsstelle
Links, Mitte: Neandertaler-Beerdigungszeremonie
Links, unten: Gorillastatue

Gibbon

Klein, leicht und wasserscheu

Gibbons sind die kleinsten und leichtesten aller Menschenaffen. Die quirligen Tiere werden nur bis zu 64 Zentimeter groß und 7 Kilogramm schwer. Gibbons leben in den immergrünen tropischen Regenwäldern Südostasiens. Auf der Speisekarte der baumlebenden Primaten stehen vor allem Blätter und Früchte.

Gibbons sind die arten- und zahlreichste Gruppe der Menschenaffen. Sie lassen sich in vier Gattungen unterteilen: Siamang, Weißhandgibbon, Schopfgibbon und Weißbrauengibbon. Innerhalb dieser Gattungen gibt es wiederum zwölf verschiedene Arten. Die meisten Gibbonarten sind vom Aussterben bedroht, da ihr Lebensraum immer weiter zerstört wird. Noch bis vor 1 000 Jahren waren die zierlichen Primaten auch in China weit verbreitet. Heute sind sie dort nur noch im Südwesten der Yunnan-Provinz sowie auf der Insel Hainan zu finden. In China wurde 99 Prozent ihres Lebensraumes durch die fortschreitende Industrialisierung zerstört.

Das Leben dieser aufgeweckten Tiere spielt sich hauptsächlich auf Bäumen ab. Mit ihren überlangen Armen hangeln sie sich geschickt von Ast zu Ast. Sollten sie sich, im wahrsten Sinne des Wortes, dann doch einmal dazu herablassen, sich auf dem Boden fort zu bewegen, gehen sie aufrecht auf zwei Beinen.

Absolut wasserscheu

Schwimmen kann der kleine Primat nicht. Überhaupt steht er Wasser im Allgemeinen eher skeptisch gegenüber. Er vermeidet den Kontakt mit dem nassen Element so gut es eben geht. Überkommt ihn dann doch einmal der Durst, sucht er sich einen Baum in Wassernähe. Er lässt sich dann kopfüber am Ast herunterhängen, taucht blitzschnell seine Hand in das kühle Nass und saugt das Wasser vom Handrücken ab.

Erwachsene Gibbons sind ihrem Partner treu. Die Paare leben monogam - wobei allerdings gut unterrichtete Kreise verlauten ließen, dass es manchmal auch schon zu Fällen von Untreue gekommen sein soll. Im Regelfall aber bleiben Pärchen, die sich einmal gefunden haben, für den Rest ihres Lebens zusammen.
Das Resultat dieser Liebe zeigt sich nach einer Tragzeit von 210 bis 235 Tagen. Nach der Geburt klammert sich das noch schutz-

bedürftige, neugeborene Gibbonäffchen am Bauch der Mutter fest. Dieses Verhalten hat ihm übrigens den passenden Namen „Tragling" eingebracht.
Junge Schopfgibbons haben ein hellbeiges Fell genau wie ihre Mütter – so sind sie perfekt getarnt. Das ändert sich aber nach etwa einem halben Jahr, dann wird das Fell der Gibbons schwarz. Die weiblichen Vertreter dieser Gruppe mögen allerdings etwas mehr Abwechslung. Sie wechseln zur Geschlechtsreife (nach etwa fünf bis sieben Lebensjahren) noch einmal die Farbe und werden wieder hellbeige. Die Männchen hingegen scheinen mit ihrem Fell ganz zufrieden zu sein und bleiben schwarz.

Gorilla

Die sanften Riesen

Der Gorilla bewohnt den tropischen Regenwald sowie die grünen Bergwälder Afrikas und ist das größte Mitglied der Menschenaffengruppe. Die Männchen können bis zu 1,85 Meter groß und über 200 Kilogramm schwer werden.

Gorillas leben in festen Gruppen, die aus mehreren erwachsenen Weibchen und Jungtieren bestehen. Angeführt werden diese Verbände von einem „Silberrücken", einem ausgewachsenen Männchen mit silbergrauem Rückenfell. Der „Silberrücken" ist nicht nur der Anführer, sondern auch der Beschützer der Gruppe. Er verteidigt seine Familie gegen alle Feinde. Neben dem Leopard ist es nur noch der Mensch, der dem Gorilla gefährlich werden kann.

Von Natur aus sind Gorillas sanfte und friedfertige Geschöpfe, aber wenn die Familie bedroht wird, gibt es für den Clan-Chef kein Halten mehr. Er zeigt dann sein typisches Angriffsverhalten: Der „Silberrücken" runzelt die Stirn, presst die Lippen aufeinander und zieht die Augenbrauen zusammen. Anschließend gibt er kurze, abgehackte Laute von sich und zuckt mit dem Kopf in Richtung des Gegners. Dann folgt der Angriff: Er rennt auf seinen Gegner zu und bremst entweder kurz vor ihm ab oder läuft seitlich an ihm vorbei. Die schlechteste aller möglichen Reaktionen, für die sich ein Gegner in diesem Moment entscheiden könnte, wäre die Flucht. Das animiert den Gorilla nämlich, die Verfolgung aufzunehmen. Die kluge Variante ist es, sich unterwürfig vor dem Gorilla auf den Boden zu kauern. Auf diese Weise schwindet für das Tier die Bedrohung, es bricht den Angriff ab. Auch die Begegnung zweier fremder Gorillamänner ist imposant: Sie brüllen sich an, reißen Büsche aus und trommeln sich auf die Brust. Meist flüchtet dann das kleinere Gorillamännchen.

Manchmal überlässt der „Silberrücken" die Verteidigung der Familie einer Gruppe von jüngeren Männchen. Die Jungs teilen sich dann die Arbeit: Einige von ihnen greifen den Feind an, während die anderen die restlichen Familienmitglieder von der Gefahrenstelle wegtreiben.

Starke Familienbande

Die Tragzeit der Gorillaweibchen beträgt 270 Tage. Der Nachwuchs entwickelt sich doppelt so schnell wie der ihrer menschlichen Pendants. Die Kleinen krabbeln schon im Alter von etwa drei Monaten munter vor sich hin und laufen nur anderthalb Monate später sicher auf allen Vieren. Weitere sechs Wochen später sind sie von den Bäumen, auf denen sie problemlos herum klettern, schon nicht mehr herunter zu bekommen.

Feste Nahrung nimmt der behaarte Nachwuchs etwa ab dem 8. Lebensmonat regelmäßig zu sich. Die strikten Vegetarier greifen bevorzugt zu Früchten, Gräsern und Baumrinde. Trotzdem lassen sich die Jungtiere weiter von ihrer Mutter säugen: Erst im Alter von zwei (manchmal auch erst mit vier) Jahren sind sie vollkommen entwöhnt.

Geplanter Tagesablauf

Der Tag im Leben eines Gorillas ist streng geplant. Nach einem ausgiebigen Frühstück folgt eine Ruhephase, der sich ein kurzer Aktivitätsblock anschließt. Danach ist erst mal wieder Ruhe angesagt, und schon steht das Abendessen an.
Dann ist es höchste Zeit, sein Schlafnest aufzusuchen. In diesen Ruhephasen pflegen die Gorillas ihre sozialen Kontakte untereinander. Dementsprechend wichtig sind diese Abschnitte für das Sozialleben der ganzen Gruppe.

Wenn geschlafen wird, dann auch richtig: Gorillas bauen sich Nester, indem sie Zweige und andere Pflanzen übereinander legen und miteinander verbinden. Jedes Tier macht sich sein eigenes Bett und konstruiert sein Schlafnest entweder auf dem Boden oder auf Bäumen. Gorillas bauen übrigens jeden Abend ein neues Nest – auch wenn sie den Schlafplatz nicht wirklich gewechselt haben und das alte Nest nur ein paar Meter daneben liegt.

Schimpanse

Ganz nah am Menschen

Der Schimpanse ist der drittgrößte Menschenaffe und uns genetisch am ähnlichsten. Die Kern-DNS unterscheidet sich tatsächlich nur in 1,6 Prozent der vorhandenen Gene!

Und so lassen sich etliche Parallelen zu den Menschen finden. Das Gesicht des Schimpansen ist unbehaart wie das unsere. Auch in seiner Gestalt sieht er uns am ähnlichsten. Die Entwicklung ist ebenfalls vergleichbar: Acht Monate lang wird ein Schimpansenbaby ausgetragen. Es lernt im ersten Lebensjahr sich selbständig fortzubewegen und wird jahrelang von der Mutter liebevoll umsorgt – ganz ähnlich wie Menschenbabys.

Die Arme sind beim Schimpansen deutlich länger als seine Beine. Er hat schmale, lange Hände und Füße sowie einen schwarzen Körper. Haar- und Hautfarbe können übrigens, je nach Herkunft, variieren – genau wie beim Menschen. Wie alt die Tiere werden, hängt vor allem von ihrem Lebensraum ab. In freier Natur werden sie 30 bis 40 Jahre alt, im Zoo hingegen erreichen sie ein Alter von bis zu 55 Jahren. Wenn Schimpansen altern, wird ihr Körperhaar oftmals grau und licht – so wie das des Menschen.

Viel Lärm im Streitfall

Schimpansen leben im afrikanischen Tropenwald. Hier bilden sie lockere Gruppen, die aus etwa 30 bis 60 Tieren bestehen. Es gibt keine so festgelegte Rangordnung wie bei den Gorillas. Kommt es zu Streitereien, wird das direkt vor Ort geklärt. Leises Tuscheln ist bei diesen Primaten unbekannt. Sie arbeiten sehr viel mit Drohgeschrei und aufgeregten Gebärden. Sie reißen auch Zweige ab und schlagen damit auf den Boden, um ihre Stärke zu zeigen. Durch dieses Imponiergehabe werden unmittelbare Kampfhandlungen meist verhindert.

Den Tag verbringen die Schimpansen meist mit der Nahrungssuche. Neben Blättern, Früchten und Nüssen stehen auch Ameisen und Termiten, sogar kleinere Affen oder Antilopen auf ihrem Speiseplan. Um an die Termiten in ihren Höhlen zu gelangen, hilft dem Schimpansen seine Fähigkeit, Werkzeuge nutzen zu können. Er nimmt einen Stock und steckt ihn als verlängerten Arm in einen Ameisenbau oder Termitenhügel. Die Termiten krabbeln daran entlang, und der Schimpanse muss sie nur noch ablecken. Kein anderes Tier setzt Werkzeuge so

geschickt ein wie die Schimpansen: Sie benutzen Zweige, wenn sie einen Gegenstand nicht mit den Händen berühren möchten, verwenden Blätter als Waschlappen oder zum Auffangen von Regenwasser, nehmen Steine als Wurfgeschosse.
Auch seine Füße kann er bestens als Greifwerkzeug einsetzen. Der Schimpanse hat eine Großzehe, die er den anderen Zehen gegenüberstellen kann. Mit diesem festen Griff kann er problemlos Bananen öffnen und – wie hier im Zoo bei der täglichen Fütterung gut zu beobachten – haufenweise Obst und Gemüse festhalten.

Orang-Utan

Der „Waldmensch"

„Orang" heißt auf indonesisch Mensch und „Utan" bedeutet Wald. Der so betitelte „Waldmensch" zählt zu den Menschenaffen und ist der älteste Vertreter dieser Familie. Er lebt bereits seit circa 15 Millionen Jahren auf der Erde und ist in Sumatra und Borneo zu Hause.

Der Orang-Utan ist bestens für das Leben auf Bäumen ausgerüstet. Mit seinen langen Armen schwingt er sich von Baumkrone zu Baumkrone. Dort oben fühlt er sich deutlich wohler als auf dem Boden. Er ist übrigens der einzige unter den großen Menschenaffen, der ein Leben in luftiger Höhe bevorzugt. Wenn ein Orang-Utan doch einmal auf den Boden hinabsteigt, stützt er sich beim Laufen auf alle Viere.

Sein Futter findet der Orang-Utan ebenfalls etliche Meter über dem Boden. Die Früchte der Bäume sind ihm ebenso willkommen wie deren Rinde. Allerdings sind auch Vogeleier eine willkommene Abwechslung auf dem Speiseplan.

Unverwechselbar ist der Ruf der Orang-Utans: eine lange Folge lauter Brülltöne, deren Lautstärke ständig ansteigt, aus denen dann stöhnende und gurgelnde Laute werden. Das Gebrüll kann bis zu zwei Minuten anhalten und lässt viele Dschungelbewohner aufhorchen.

Vom Aussterben bedroht

Die friedlichen Vegetarier sind vom Aussterben bedroht, da ihr Lebensraum immer kleiner wird und die Bedrohung durch den Menschen ständig zugenommen hat. In Teilen Borneos gehörten früher Kämpfe mit den Orang-Utans zu wichtigen Mutproben. Heutzutage sind vor allem die Orang-Utan-

Babys leider eine begehrte Handelsware. Um an ein lebendes Junges zu kommen, müssen Wilderer durchschnittlich drei Muttertiere aus den Bäumen schießen. Bei dem Sturz werden die Jungen oftmals entweder verletzt oder sterben ebenfalls.

Es verwundert nicht, dass die Orang-Utans menschenscheu geworden sind: Taucht ein potentieller Feind auf, versteckt sich der Orang-Utan. Wenn er trotzdem entdeckt wird, versucht er durch Imponiergehabe den Feind abzuschrecken.

Orang-Utans vermehren sich nur langsam. Obwohl die Tragzeit der Weibchen neun Monate beträgt, bringen sie in ihrem gesamten Leben nur drei bis vier Junge zur Welt. Diese sind bei der Geburt ebenso hilflos wie Menschenbabys und werden von ihren Müttern fürsorglich aufgezogen. Sie bekommen von ihnen alles beigebracht, was zum Leben (und auch Überleben) im Urwald notwendig ist. Orang-Utan-Kinder sind geschickt und erfinderisch in Sachen Spiel und lernen sehr schnell und gut.

Abend für Abend, wenn die Orang-Utans müde sind, klettern sie in die Baumkronen und bauen sich ein Nest. Ein paar Äste werden zu einem federnden Laubbett zusammengebogen, darüber kommen Blätter – fertig ist die Schlafstätte. Orang-Utans errichten ihre Nester häufig an Stellen, die ihnen eine gute Aussicht über den umgebenden Wald bieten.

Drill

Bedrohter afrikanischer „Waldpavian"

Der Lebensraum des Drills erstreckt sich von Nigeria bis Kamerun. Dort ist er, wie sein zweiter Name „Waldpavian" bereits nahe legt, in den tropischen Regenwäldern zu finden. Wenn er überhaupt zu finden ist – schließlich zählt der Drill zu den bedrohten Tierarten, da sein Lebensraum immer weiter zerstört und er als begehrtes „Bushmeat" – Wildfleisch – gejagt wird. Wirklich ungestört kann der Drill nur noch in ganz wenigen Schutzgebieten leben.

Der Bestand der Drills ist auf einen bedrohlich niedrigen Stand gesunken, und es ist kein Ende in Sicht. Er zählt mittlerweile zu den seltensten afrikanischen Primaten – nur der Berggorilla ist noch bedrohter. Weltweit sind Rettungsaktionen zur Erhaltung der Drills angelaufen, an denen sich auch der *Erlebnis-Zoo Hannover* beteiligt. Dessen Bemühungen bei der Zucht waren von Erfolg gekrönt: In fast allen Drillgruppen der internationalen Zoos leben heute Nachkommen aus Hannover.
Der Drill verbringt die meiste Zeit auf dem Boden, wo er sich auf allen Vieren fortbewegt. Nur frisch gebackene Mütter suchen mit ihren Jungtieren manchmal Schutz auf Bäumen, dann allerdings auch nur auf den unteren Ästen. Auf Nahrungssuche geht der Drill ebenfalls auf dem Boden: Dort sammelt er Blätter, Früchte, Nüsse, Wurzeln und jagt kleine wirbellose Tiere.
Das haarlose, schwarze Gesicht dieses Primaten wird von einem weißen Fellkranz umrandet. Er hat eine lange Schnauze und seine Nase liegt eingebettet zwischen zwei Knochenfurchen. Sein Fell ist braun bis schwarz, wobei sein Hinterteil ebenso haarlos ist wie sein Gesicht. Dafür erstrahlt das Hinterteil des Männchens leuchtend bunt.

Kämpfer mit scharfen Waffen

Das bunte Hinterteil ist aber nicht nur ein Schönheitsmerkmal, es wird von den Affen auch als Kommunikationsmittel eingesetzt. Das Präsentieren des Hinterns dient als Unterwürfigkeitssignal. Das unterlegene Männchen hält in Kämpfen dem stärkeren Männchen das Hinterteil entgegen. Das stärkere Männchen besteigt den Unterworfenen dann symbolisch, um die Rangordnung unmissverständlich klarzustellen.
Dieses Verhalten findet sich aber nur bei Kämpfen, die Drills untereinander austragen. Von anderen Feinden lassen sich diese

Affen nämlich nicht so einfach einschüchtern. Kommt es zu einer Konfrontation, wird erst versucht, dem Feind mit Drohgebärden Angst einzujagen: Der Drill reißt das Maul auf und zeigt seine langen, scharfen Eckzähne. Diese Geste sieht zwar aus, als würde der Drill gähnen, aber es handelt sich hier um eine eindeutige Kampfansage. Sollte diese Warnung nicht ausreichen und sich der Feind durch die Mimik sowie das selbstsichere Auftreten des Drills nicht einschüchtern lassen, kommt es zum Kampf. Hier zeigen sich die Drills dann als sehr kräftige, unglaublich schnelle und wendige Tiere, die mit ihren scharfen Eckzähnen auch noch äußerst gut bewaffnet sind. Das macht sie zu sehr guten Kämpfern, die es selbst mit Raubtieren aufnehmen!

Meyers Hof

Meyers Hof

Authentisch ländlich

Zwischen romantischen Fachwerkhäusern weiden schwarzbunte Kühe auf saftigen Wiesen. Zwei Störche stolzieren um den Hofteich, auf dem eine Entenfamilie ungestört ihre Runden dreht. Da nähert sich auch schon das Empfangskomitee: Gänse, die Sie laut schnatternd auf dem Hof von Bauer Meyer begrüßen.

Mitten in Hannover ist ein idyllisches Stück Niedersachsen wieder erlebbar geworden. Auf 10 000 Quadratmetern wird die „gute alte Zeit" lebendig! Sobald Sie Ihren Fuß auf das weitläufige Hofgelände setzen, wird Sie die ländliche Idylle sofort gefangen nehmen. Wenn der Hahn laut aus vollem Halse kräht und die Bäuerin die Wäsche zum Trocknen auf die langen Leinen gehängt hat, werden Sie von der Atmosphäre gefesselt sein. Willkommen im Niedersachsen des letzten Jahrhunderts!

Sieben historische niedersächsische Fachwerkhäuser aus verschiedenen Jahrhunderten bilden die Kulisse für diese einzigartige Erlebniswelt. Die Häuser wurden in ganz Niedersachsen abgetragen und Stein für Stein originalgetreu wieder aufgebaut. Über fünf Millionen Euro wurden in die Themenwelt Meyers Hof investiert. Die Besucher erwartet hier eine mit viel Liebe zum Detail gestaltete Reise in die Vergangenheit. Das kleine niedersächsische Dorf wurde in einjähriger Bauzeit aufgebaut. Für die Ställe, Scheunen, Back- und Wohnhäuser wurden 74 223 Verblendsteine und 55 449 historische Dachpfannen verbaut!

Das älteste Gebäude ist übrigens der Stall Bröckel aus dem 16. Jahrhundert, in dem eine Küche aus vergangenen Zeiten nachgebildet ist: ein alter Küchentisch samt Stühlen, ein antikes Senffass, die Wäschemangel neben dem Spinnrad, alte Zeitungen, eine kleine Lesebrille. Diese Szene wirkt so authentisch, dass man förmlich auf die Bauern wartet, die für ihr Mittagessen am Tisch Platz nehmen.

Authentisch ländlich

Parkscout-Tipp

Wenn Sie schon immer einmal wissen wollten, wie erfolgreich Sie beim Melken einer Kuh sein würden – auf Meyers Hof haben Sie Gelegenheit dazu. Am Melkstand können Sie an mechanischen Kühen Ihr Glück versuchen. Auch Wettmelken ist möglich. Viel Erfolg!

Purer Genuss

Das kulinarische Highlight der Anlage ist das Gasthaus Meyer, ein stattlicher Zwei-Ständer-Fachwerkbau aus dem Jahr 1669. Dieses Bauwerk der rustikalen Art bietet innen Platz für 200 Gäste, weitere 400 Besucher können im Biergarten dem Landleben frönen – schwer zu sagen, wo es am schönsten ist. Nur im Winter gibt es einen absoluten Lieblingsplatz im Gasthaus: Sichern Sie sich den Tisch am offenen Kamin, lauschen Sie dem Prasseln des Feuers und genießen Sie die heimelige Atmosphäre. Serviert wird den hungrigen Gästen immer echte herzhafte niedersächsische Küche. Das Ambiente ist urig-originell, denn hier scheint die Zeit stehen geblieben zu sein. Die alten Familienfotos an den Wänden und rustikale Einrichtungsgegenstände lassen den Gast seinen Alltag schnell vergessen.

Auch auf Meyers Hof stehen die Tiere im Mittelpunkt. Hier findet der Besucher all die Haustierarten, die bei uns mittlerweile selten geworden sind. Diese Tiere sind für die moderne Landwirtschaft wirtschaftlich uninteressant und werden daher nicht mehr gezüchtet. So finden sich auf Meyers Hof zum Beispiel die Altdeutschen Schwarzbunten Niederungsrinder, die nur sehr wenig Milch geben. Auch die Rauwolligen Pommerschen Landschafe haben es in der heutigen Zeit schwer: Die kratzige Wolle dieser ostpreußischen Schafe ist nicht mehr gefragt.

Für die Pommerngans sieht es ebenfalls nicht rosig aus. Ihr Fleisch hat einen sehr hohen Fettanteil – ein Problem, das sie mit dem Rotbunten Husumer Protestschwein gemein hat. Auch eine kleine Familie der seltenen Exmoor-Ponys hat auf Meyers Hof ein neues Zuhause gefunden.

Urig, schön, gemütlich

Meyers Hof

Authentisch ländlich

Mullewapp ist in Hannover

Für Kinder ist der Besuch auf Meyers Hof wie ein Kurzurlaub auf dem Bauerhof. Dafür sorgt unter anderem das Streichelland Mullewapp. Überlebensgroß sind dort die Abenteuer der drei Freunde Franz von Hahn, Johnny Mauser und dem dicken Waldemar auf die Wände der Ställe gemalt. Die Figuren des bekannten Zeichners und Autors Helme Heine haben das Streichelland bereits erobert. Dort warten sie ungeduldig auf den Besuch neuer, abenteuerlustiger Freunde. Mullewapp ist übrigens das Dorf, in dem die drei Freunde leben. Der Name ist eine Anlehnung an das plattdeutsche Wort für „Maulwurf". In dem 2 300 Quadratmeter großen Streichelland ist so einiges los. Hier gilt es Zwergziegen, kleine Schweinchen und Rinder, Alpakas und Kamerunschafe zu besuchen. Berührungsängste kennt hier niemand: Streicheln ist ausdrücklich erwünscht!

Parkscout-Tipp

Das Spezialfutter für die Tiere gibt es im Hofladen auf dem Streichelland.

Johnny Mauser, Franz von Hahn und der dicke Waldemar haben ihren gemütlichen Bauwagen, den sie normalerweise bewohnen, netterweise einer Hausmaus-Familie überlassen. Jetzt wirbeln die quirligen Nager zwischen Stühlen, Regalen und Küchenutensilien herum. Hier können Sie eine

Im Streichelland Mullewapp ist Füttern und Streicheln strengstens erlaubt!

Hausmaus-Familie aus einer ganz neuen Perspektive erleben.

Das Zoo-Maskottchen Tatzi Tatz wohnt auch in Mullewapp. Sein Wohnwagen steht mitten zwischen den Tieren der Streichelwiese – ganz in der Nähe vom Gehege der Kaninchen. Natürlich hat Tatzi Tatz auch an seinem neuen Wohnort einen Briefkasten, in den die kleinen Besucher Post an das Zoo-Maskottchen stecken können.

Meerschweinchen haben ein echtes Paradies im *Erlebnis-Zoo Hannover* gefunden: „Kuschel-Wuschel" heißt ihr kunterbuntes Reich neben dem Streichelland Mullewapp. Während die niedlichen Nager zwischen riesigen Möhren und überdimensionalen Kohlköpfen herum wuseln, können die kleinsten Besucher mittendrin auf tierischen Holzwippen toben, die große Rutsche erobern oder einfach nach Herzenslust im Sand spielen. Für die etwas größeren Kleinen gibt es den schönsten Abenteuerspielplatz der nördlichen Halbkugel – die Brodelburg. Baumhäuser, Klettergerüste, Wippen, endlos lange Rutschen und eine richtige Burg warten auf abenteuerlustige Entdecker. Auf der Brodelburg können sich die Kinder so richtig austoben – während die Eltern nebenan im Biergarten oder im Gasthaus Meyer bei einem Kaffee oder einem kühlen Pils ausruhen. Lassen Sie den spannenden Tag im *Erlebnis-Zoo Hannover* hier doch schon einmal Revue passieren oder planen Sie den weiteren Verlauf Ihres Besuchs.

Zoo macht Schule

Ebenfalls auf Meyers Hof befindet sich die Zooschule. Sie steht angemeldeten Schulklassen zur Verfügung, die hier einen Biologie-Unterricht der besonderen Art erleben können. Vor den Fenstern des Fachwerkhauses tummeln sich blökende Schafe und schnatternde Gänse. Im Inneren wird unter der Anleitung der Zooschullehrer die Schulstunde im wahrsten Sinne des Wortes lebendig: Kleine Drachen und lange Schlangen nehmen am Unterricht teil.
Ein besonderes Angebot des Zoos heißt „Zoo macht Schule". Sehr erfahrene Zoo-Scouts führen Schulklassen zu ausgewählten Unterrichtsthemen durch den Zoo. Das Klassenzimmer wird einfach in den Zoo verlegt. So macht Lernen gleich doppelt viel Spaß! „Mensch Affe: Evolution zum Anfassen" oder „Arche Noah Zoo: Schutz bedrohter Wildtierarten" sind nur zwei der spannenden Führungen.

Rauhwolliges Pommersches Landschaf

Ganz schön kratzbürstig

Eine der ältesten Landschafrassen der Welt hält, was ihr Name verspricht. Die ursprünglich in Pommern, Ostpreußen und Mecklenburg beheimateten Tiere liefern eine feste, raue Wolle. Das Fell der erwachsenen Tiere ist grau bis blaugrau – vereinzelt sind auch schon einmal bräunliche Stellen zu sehen. Wenn die knuddeligen Lämmer dieses Landschafes nach einer Tragzeit von etwa 150 Tagen auf die Welt kommen, sind sie völlig schwarz. Bei ausgewachsenen Tieren findet sich diese Farbe nur noch am Kopf und an den Beinen wieder.

Die Pommerschen sind sehr genügsame Tiere. Ihre Wolle macht sie nämlich zu echten Allwetterschafen. In der Wolle dieses Tieres finden sich Kurzhaare. Dadurch entstehen hautaktive Luftzwischenräume, die dem Schaf bei der Regulierung seines Wärmehaushalts helfen. Die Wolle schützt nicht nur das Schaf optimal – sie eignet sich auch hervorragend zur Herstellung von witterungsfesten Pullovern!
Die Wolle hat nur einen entscheidenden Nachteil: Sie ist sehr rau und lässt sich aus diesem Grund nur schlecht vermarkten. Heutige Bauernhöfe sind Industriebetriebe, die gewinnorientiert arbeiten müssen. Da hat das Pommersche Landschaf durch seine raue Wolle natürlich schlechte Karten. Seit Anfang des 19. Jahrhunderts haben sich die Bestände der Pommerschen so dramatisch reduziert, dass die Gesellschaft für bedrohte Haustierrassen diese Landschafrasse auf die Rote Liste gesetzt hat. Durch die Zucht der Rauwolligen Pommerschen Landschafe auf Meyers Hof möchte der *Erlebnis-Zoo Hannover* seinen Beitrag zum Erhalt dieser sehr selten gewordenen Schafe leisten.

Nahrungszersetzungsexperten

Alle als Haustiere gehaltenen Rinder stammen vom Ur- oder Auerochsen ab. Dieses Urrind hat sich vor etwa 200 000 Jahren von Indien aus bis nach Europa verbreitet. Ursprünglich wurden Rinder nur als Fleischlieferanten gezüchtet. Bald wurde aber ihr gesamtes Potential erkannt, und sie wurden auch als Arbeitstiere eingesetzt. Schwarzbunte Rinder bilden heute die am häufigsten vertretene Rasse der Erde – doch mit der Altdeutschen Schwarzbunten präsentiert der Erlebnis-Zoo Hannover eine echte Rarität. Der Bestand dieses Rindes ist nämlich stark gefährdet!

Die Nahrung einer Kuh hat einen langen Weg vor sich. Zunächst wandert das Gras direkt in den oder besser gesagt die Mägen. Im Gegensatz zu uns Menschen sind Rinder Wiederkäuer. Sie verfügen über drei Vormägen, der erste ist der „Pansen". Dieser kann ein Fassungsvermögen von beachtlichen 180 Litern haben! Hier wird die Nahrung gesammelt, angewärmt und vergoren. Von hier aus geht es weiter in den zweiten Vormagen, den „Netzmagen". In dessen gitterartigen Falten wird der Nahrungsbrei zu Kügelchen geformt. Etwa 45 Minuten später geht es für die Nahrung wieder zum Startpunkt zurück: Die Kügelchen werden in die Mundhöhle zurückgeschleudert, sorgfältig zerkleinert und anschließend erneut geschluckt. Ziel ist diesmal der „Blättermagen". Hier wird der Nahrungsbrei ausgepresst und zerrieben. Und weiter geht es in den Hauptmagen, den „Labmagen", in dem dann endgültig die chemische Aufbereitung beginnt. Über die Wände des Dünndarms werden die Nährstoffe in die Blutbahn abgegeben. Innerhalb eines Tages kauen Kühe übrigens bis zu 15 mal wieder!

Exmoor-Pony

Zäher Engländer

Das Exmoor-Pony stammt ursprünglich aus England. Seine Vorfahren waren wahrscheinlich Ponys, die in der Bronzezeit durch keltische Einwanderer nach Großbritannien gebracht wurden. Seit dem 11. Jahrhundert lebt das Pony halbwild in Exmoor. Dieses ehemalige Hochmoor liegt im Norden der Grafschaften Devon und Somerset im Süd-Westen Englands. Das Exmoor ist heute größtenteils kultiviert worden. Nur an einigen Stellen finden sich hier Moor und Heideflächen, in denen die Exmoor-Ponys leben.

Die ursprüngliche Pferderasse gilt als direkter Nachfahre der eiszeitlichen Urponys. Das Exmoor-Pony hat ein dunkles Fell mit hellen Stellen an den Innenseiten der Vorder- und Hinterschenkel, am Bauch sowie rund um die Augen. An seinem Hinterkopf befindet sich eine üppige schwarze Mähne. Es hat einen stämmigen Körperbau, ist außerordentlich zäh und widerstandsfähig. Dank seiner Agilität und Reaktionsfähigkeit ist es hervorragend als Reitpony geeignet. Seine große Ausdauer macht es ebenfalls zu einem idealen Kutschenpony. Die zurückgesetzten Schultern verleihen dem Pony eine sehr große Trittsicherheit.

Alle Pferde bringen im Normalfall nur ein Fohlen zur Welt – auch die Exmoor-Ponys bilden da keine Ausnahme. Das neugeborene Fohlen wird von seiner Mutter ständig geleckt – dadurch nehmen die Tiere den individuellen Geruch des jeweils anderen auf, was die Bindung zwischen Mutter und Kind sehr verstärkt.

Schweizerisch-deutsche Herkunft

Ende des 19. Jahrhunderts führten Ziegenzüchter Toggerburger Ziegen aus der Schweiz nach Thüringen ein. Durch Kreuzungen mit einer einheimischen Rasse wollte man deren Milchproduktion erhöhen. Diese Versuche waren von Erfolg gekrönt: Aus den Kreuzungen entstand die Thüringer Toggenburgerziege. Diesen Namen musste sie allerdings im Jahr 1935 ablegen. Auf Drängen der Nationalsozialisten wurde sie in Thüringer Waldziege umbenannt. Das Hitler-Regime duldete keinen Hinweis auf die ausländische Herkunft dieser Ziege.

Die Namensänderung änderte aber nichts an der Beliebtheit dieser Rasse. Sie wurde wegen ihrer hohen Milchproduktion sowie der häufigen Mehrlingsgeburten geschätzt. Heute hingegen leben in ganz Norddeutschland nur noch 50 Thüringer Waldziegen. Mit insgesamt nur etwa 200 weiblichen Tieren ist diese Nutztierrasse akut vom Aussterben bedroht.

Rauhes Klima? Kein Problem!

Die erwachsenen Tiere erreichen eine Größe von bis zu 85 Zentimetern, bei einem Gewicht zwischen 40 und 75 Kilogramm. Ihr hell- bis dunkelbraunes Fell besteht aus kurzen, glatt anliegenden Haaren. Die Ziegen sind äußerst widerstandsfähig. Das raue Klima des Thüringer Waldes, das sich durch reichlich Regen und harte Winter auszeichnet, setzt ihnen nicht besonders zu. Diese Thüringer Waldziegen werden dort auf einer Höhe von bis zu 1 000 Metern gehalten.

Rotbuntes Husumer Protestschwein

Schweinischer Fahnenersatz

Das Rotbunte Husumer Protestschwein stammt vom Angler Sattelschwein ab. Es hat ein rötlich-braunes Fell mit großen weißen Flecken. In früheren Zeiten wurden diese Tiere als Weideschweine bevorzugt in der Landschaftspflege eingesetzt. Mittlerweile sind sie allerdings vom Aussterben bedroht.

Dabei sind die Rotbunten echte Allround-Talente, doch als Fleischlieferant heute nicht mehr gefragt. Das Fleisch dieser Schweine hat einen so hohen Fettanteil, dass der gesundheitsbewusste Konsument von heute dieses Fleisch meidet. Daher sind diese Tiere heute immer seltener auf Bauernhöfen zu finden und werden eigentlich nur noch von Liebhabern dieser Rasse gezüchtet. Der *Erlebnis-Zoo Hannover* leistet mit der Zucht der Rotbunten Husumer Protestschweine auf Meyers Hof seinen Beitrag zur Erhaltung dieser seltenen Rasse.

Aber wie kommen die „Protestschweine" eigentlich zu ihrem sonderbaren Namen?
Im Jahr 1864, als der dänisch-deutsche Krieg seinen Höhepunkt erreichte, wurden die damals zu Dänemark gehörenden Herzogtümer Schleswig und Holstein von preußischen und österreichischen Truppen besetzt. Die neuen Besatzungsmächte untersagten der in Schleswig und Holstein lebenden dänischen Minderheitsbevölkerung, die dänische Landesflagge in ihre Gärten zu stellen und so ihre Sympathie Dänemark gegenüber zu demonstrieren.
Die Bauern waren aber nicht auf den Kopf gefallen. Wenn sie schon nicht die rot-weiße dänische Fahne aufstellen durften, hielten sie sich aus Protest einfach die rot-weißen Schweine in ihren Vorgärten.
Und das brachte dem Rotbunten Husumer Protestschwein dann auch die Bezeichnung „Dänisches Protestschwein" ein.

Gastronomie auf Meyers Hof

Ländlich, lecker, lukullisch

Mitten in der Großstadt bilden sieben uralte Fachwerkhäuser ein idyllisches Dorf. Auf Meyers Hof gilt es nicht nur seltene Haustierarten, sondern auch kulinarische Genüsse der Spitzenklasse zu entdecken - und wenn es dunkel wird, geht auf dem Hof die Party erst so richtig los!

Sobald Sie Ihren Fuß auf das Gelände von Meyers Hof setzen, befinden Sie sich im Niedersachsen des letzten Jahrhunderts. Knapp fünf Millionen Euro hat die Auferstehung des alten Niedersachsens gekostet – und es ist jeden einzelnen Cent wert!

Den Mittelpunkt dieser Zeitreise in das letzte Jahrhundert bildet unbestritten das Gasthaus Meyer, der urige Landgasthof im *Erlebnis-Zoo Hannover*. Untergebracht ist der Gasthof in einem Fachwerkhaus aus dem Jahre 1669. Der stattliche Zwei-Ständer-Fachwerkbau, verziert mit einem prächtigen Giebel, stand früher in Dudenbostel bei Hoya. Dort wurde er abgetragen und Stein für Stein im *Erlebnis-Zoo Hannover* wieder originalgetreu aufgebaut.

Wenn Sie sich dem Gasthaus nähern, sehen Sie sofort, ob die Bäuerin Waschtag hatte. Bei warmen Temperaturen hängt sie die Wäsche nämlich gerne zum Trocknen an die frische Luft.

Wundern Sie sich also nicht, wenn Sie auf Ihrem Weg zum Gasthaus Meyer an frisch gewaschenen langen Unterhosen oder karierten Hemden vorbeilaufen. Und passen Sie auf, dass Ihnen der Hofhund keinen Schreck einjagt: Er hält in seiner Hundehütte unermüdlich Wache, was die Spatzen, die direkt neben dem Eingang zum Gasthaus nisten, nicht im Geringsten zu stören scheint.

Auch im Gasthaus Meyer selbst scheint die Zeit stehen geblieben zu sein. Es erwartet Sie ein urig-originelles Ambiente: dicke Eichenbalken, ein altes Küchenbüfett neben

Ländlich, lecker, lukullisch

dem noch älteren Emailleherd, alte Familienfotos an den Wänden, ein offener Kamin, rustikale Einrichtungsgegenstände. Willkommen in der guten Stube von Bauer Meyer! Hier können Sie sich mit niedersächsischen Köstlichkeiten gutbürgerlich verwöhnen lassen.

Eine kulinarische Rundreise

Beginnen Sie Ihre kulinarische Reise durch Niedersachsen doch zum Beispiel mit einer Hochzeitssuppe. Die Besucher des *Erlebnis-Zoo Hannover* können sich damit auf ein saftiges Steak einstimmen, das, wenn gewünscht, von knusprigen Bratkartoffeln und einem knackigen Salat begleitet wird.

Oder Sie versuchen einmal die Leibspeise von Bauer Meyer: eine Rinderroulade vom Landschlachter Dettmers, gefüllt mit Zwiebeln und Speck, dazu junge Bohnen und Butterkartoffeln.

Auch „Heinrichs Sonntagspfanne“, die mit zwei Schweinemedaillons, einem Putenmedaillon, knusprigen Bratkartoffeln und Gartengemüse (je nach Saison) aufwarten kann, ist ein Geheimtipp – vor allem, da das Ganze noch mit einer Buttersoße veredelt wird.

Ländlich, lecker, lukullisch

Da jede Jahreszeit ihre kulinarischen Höhepunkte hat, wechselt auch die Zusatz-Karte mit den besonderen Angeboten im Gasthaus Meyer mindestens einmal pro Monat – lassen Sie sich also bei Ihrem Besuch einfach überraschen!

Für welches üppige Mahl Sie sich auch immer entscheiden mögen – wenn Sie sich zum Abschluss noch ein Stück von Oma Meyers berühmtem warmen Apfelkuchen gönnen, sind Sie dem Paradies auf Erden schon ein gutes Stück näher gekommen.

Übrigens: Wenn die Tiere im Zoo zu Bett gehen (im Sommer ab 18 Uhr, im Winter ab 16 Uhr), öffnet das Gasthaus Meyer sein großes schmiedeeisernes Tor, das einen direkten Zugang vom Zooparkplatz zum Gasthaus ermöglicht. Denn nach Sonnenuntergang dreht der Küchenchef noch einmal so richtig auf und zaubert die köstlichen gutbürgerlichen Gerichte überraschend anders auf die rustikal gedeckten Holztische.
Die Speisen werden in einer Küche zubereitet, die in einem unauffälligen Fachwerk-Anbau untergebracht ist. In dieser modernen Küche können Essen und Getränke für 1 000 Personen zubereitet werden. Gasthaus Meyer, die große Festscheune und die urige Alte Werkstatt auf Meyers Hof sind nämlich *die* Adresse für Hochzeits-, Firmen-

oder sonstige Feiern und Events in ganz besonderer Atmosphäre!
Von Mai bis Oktober hat auch der Biergarten von Bauer Meyer geöffnet: Hier können Sie laue Sommerabende bei einem frisch gezapften Bier ausklingen lassen oder sich eine köstliche Bratwurst schmecken lassen, die extra von der Landschlachterei Dettmers für Gasthaus Meyer hergestellt wird.
Direkt am Biergarten findet sich Bauer Meyers Spieker, ein Imbiss im Fachwerkgewand, dessen Angebot Sie überraschen wird! Hier gibt es nicht nur die immer beliebten Pommes rot-weiß, sondern auch knusprige Chicken Wings, leckeren Backfisch und Kartoffelsalat Oldenburger Art. Während Sie es sich richtig gut gehen lassen, können sich Ihre Kinder auf dem großen Abenteuerspielplatz, der direkt neben dem Biergarten liegt, nach Herzenslust austoben.

Shopping auf Meyers Hof

Ländlich shoppen

Im Streichelland finden Sie den Hofladen von Bauer Meyer, und wenn Sie hier einkaufen gehen, nehmen Sie sich ein Stückchen niedersächsischer ländlicher Idylle mit nach Hause. Große und kleine Besucher werden von den hier angebotenen Plüschtieren begeistert sein – ziemlich alle Haus- und Hoftiere sind hier zu erwerben, denen man auch auf dem Hof von Bauer Meyer begegnet: angefangen vom Hund, der über das gesamte Anwesen wacht, über divenhafte Katzen, knuddelige Schweine, anmutige Pferde bis zur gemütlichen Kuh, die bekanntermaßen alles etwas ruhiger angehen lässt.

Wenn Sie Ihr Zuhause landschaftlich Meyers Hof ähnlich gestalten möchten, brauchen Sie viel Platz – den können Sie hier zwar nicht kaufen, aber aus einer reichhaltigen Auswahl an Blumensamen wählen, die Ihnen (mit etwas Glück und grünem Daumen) im Frühling ein wahres Farbenmeer an bunten Blumen in Ihren Garten oder auch auf den Balkon zaubern. Für schwierige Fälle können Sie sogar kleine Gewächshäuser erwerben. Daneben finden Sie noch viele andere Andenken, die auch zuhause den Bauern in Ihnen wecken: Geschirr mit Hühner- oder Pferdemotiven kommt bestimmt auch bei Ihrer Familie beim sonntäglichen Frühstück sehr gut an.

Übrigens ist das Füttern von Tieren im Erlebnis-Zoo normalerweise streng untersagt – eine Ausnahme bildet das Streichelland Mullewapp auf Meyers Hof: Diese Tiere dürfen gefüttert werden, allerdings nur mit speziellem Futter, das Sie ebenfalls im Hofladen erwerben können. ●

Shows

Shows

Tierische Talente

Viele Tiere kennt man höchstens aus Dokumentarfilmen, und selbst heimische Tiere sind den meisten Menschen heute nahezu unbekannt. Um den Besuchern diese Tiere und ihre Fähigkeiten näher zu bringen, zeigt der Erlebnis-Zoo Hannover verschiedene Tiershows.

Biologie-Unterricht einmal ganz anders – zum Lachen, Mitmachen und Nachdenken

Durch die täglichen Auftritte und das Training werden gleichzeitig die Zoo-Tiere gefördert und beschäftigt, indem ihre natürlichen Talente entdeckt und herausgestellt werden.

So wie im echten Leben

Für die Shows im *Erlebnis-Zoo Hannover* wird keinem der Tiere irgendein Trick beigebracht. So findet man hier mit Sicherheit keine Papageien, die auf kleinen Fahrrädern über die Bühne radeln! Alles, was die Tiere in den Shows zeigen, entspricht ihren natürlichen Verhaltensweisen.

Am deutlichsten wird dies wahrscheinlich an einem Beispiel: In der Show „Alle Tiere sind Stars“ tritt ein Mensch gegen einen Papagei an. Wer knackt eine Paranuss am schnellsten? Gewinner ist natürlich immer der Vogel. Mit seinem „Spezialwerkzeug“ Schnabel knackt er auch in freier Natur in Sekundenschnelle die harten Schalen, um an den für ihn köstlichen Inhalt zu gelangen.

Verbunden mit dem Wettkampf, erhalten die Besucher des *Erlebnis-Zoo Hannover* auf lustige Weise nachhaltiges Wissen über die Lebensweise eines Papageis (und mancher Besucher Zahnschmerzen, weil er es dem Vogel nachmachen wollte). ●

Parkscout-Tipp

Bis zu acht Shows und zwölf kommentierte Fütterungen stehen täglich im Erlebnis-Zoo Hannover auf dem Programm.

Informieren Sie sich direkt zu Anfang Ihres Besuchs über die aktuellen Auftritte, damit Sie nichts verpassen!

Elefantenshow

Die unterhaltsamen Schwergewichte

Verpassen sollten Sie auf keinen Fall die Elefantenshow. Es ist schon ein sehr imposanter Anblick, wenn die überaus muntere Truppe von Schwergewichten durch den Dschungelpalast marschiert.

Schließlich befinden wir uns nicht in Indien, wo man einen solchen Aufmarsch noch am ehesten erwarten würde, sondern mitten in Hannover! Die Dickhäuter machen einen beeindruckenden Spaziergang durch die ehemalige Prunkstätte des Maharadschas, den Schwanz der Vorderfrau immer fest mit ihrem Rüssel umschlungen.

Und dann ist es für die größten noch lebenden Landtiere auch langsam an der Zeit zu zeigen, was wirklich in ihnen steckt. Leichtfüßig wie Seiltänzerinnen balancieren die tonnenschweren Rüsselträger auf dem „Schwebebalken". Ohne jede Anstrengung ziehen sie einen mehrere hundert Kilogramm schweren Baumstamm.

Während der spannenden Show erklären die Tierpfleger, warum die Elefanten überhaupt trainiert werden, warum sie sich auf Kommando hinlegen oder die Füße anheben: So können die Tierpfleger die Dickhäuter waschen und pflegen sowie die Füße kontrollieren. Und natürlich kann der Tierarzt ganz nah an die Tiere heran und sie untersuchen. Dann folgt noch eine Mutprobe der besonderen Art: Wie weckt man einen Elefanten, der sich gerade gemütlich zum Schlafen hingelegt hat? Mit einem Rüssel voll Wasser und einer kräftigen Dusche.

Elefantenschule

Am Nachmittag hat eine junge Elefantendame dann ihren großen Solo-Auftritt in der Showarena. Hier demonstriert sie ihre Fähigkeiten, von denen Sie einige mit großer Wahrscheinlichkeit nicht bei einem Elefanten vermutet hätten...

Wenn das Elefantenmädchen zum Fußballspiel einlädt, sind vor allem die jüngeren Besucher zum Mitmachen aufgerufen. Ein mutiges Kind bekleidet die Position des Torwartes, während die geschickte Elefantendame als Stürmerin das Spielfeld betritt. Beobachten Sie den „elefantösen" Anstoß!

Vielleicht wollten Sie aber auch schon immer einmal Ihre Kräfte mit einem Elefanten messen – kein Problem: Das Elefantenmädchen steht Ihnen zur Verfügung. Bisher hat es übrigens noch niemand geschafft, die kräftige Dickhäuterin im Seilziehen zu besiegen. Wer weiß, vielleicht sind Sie ja der Erste – probieren Sie es doch einfach aus!

„Elefantöse" Pinselführung

Elefanten können aber nicht nur pure Kraft zur Schau stellen, sondern sich auch künstlerisch betätigen und dabei ihren kräftigen Rüssel sehr feinfühlig einsetzen. Schauen Sie der Künstlerin über die breite Schulter, während sie mit einem Pinsel, den sie mit ihrem Rüssel führt, Farbe auf eine Leinwand bringt. Das Malen wurde ihr übrigens nicht antrainiert. Es liegt ihr einfach im Blut – ebenso wie der Drang, den leckeren Holzpinsel zu verspeisen. Und ihr das wieder abzugewöhnen, war ein hartes Stück Arbeit. ●

Alle Tiere sind Stars

Tierisch gute Show

Zwischen dem Sambesi und dem Dschungelpalast steht im Erlebnis-Zoo Hannover ein großes Indianer-Camp. In dieser schönen Arena mit 1 400 Sitzplätzen finden Shows statt, deren Name Programm ist: Alle Tiere sind Stars!

Vor einer malerischen Kulisse präsentieren sich liebenswerte Tiere, die normalerweise nicht die Chance erhalten, ihre Talente auf der Bühne vorzustellen. Reptilien, Greifvögel, Schnee-Eulen, Papageien, Stinktiere, Kröten, Kaninchen und ein Nasenbär erwarten die Besucher in dieser Show, die nicht nur zum Zuschauen, sondern auch zum Mitmachen gedacht ist.

Diego zockt sie alle ab

Ein Tisch, drei Nussschalen, eine Murmel – das Hütchenspiel dürfte allen Mallorca-Touristen ein Begriff sein: Der Spieler versteckt

die Murmel unter einer der Nussschalen und verschiebt diese mit atemberaubender Geschwindigkeit über den Tisch. Wüsste der Mitspieler nun, unter welcher Schale die Murmel steckt, hätte er gewonnen. Allerdings tendieren die Chancen, richtig zu liegen, gegen Null.

Weitaus bessere Chancen auf den Hauptgewinn beim Hütchenspiel hat da schon Diego, der Nasenbär. Allerdings ist er nicht auf der Suche nach einer Murmel – er ist hinter einer Weintraube her. Das Publikum kann bestimmen, unter welcher der drei Kokosnussschalen die saftige Frucht versteckt werden soll. Dann hat Diego seinen großen Auftritt: Zielsicher macht sich der Kleine mit der großen Nase an der richtigen Schale zu schaffen, dreht diese um, und schon verschwindet die Weintraube in seinem Maul. Diego muss keine Tricks anwenden, um ans Ziel zu kommen: Er hat für diesen Job einfach den richtiger Riecher. Anhand des „Hütchenspiels" wird den Zuschauern vermittelt, wie ein Nasenbär tagtäglich unter Steinen und Baumrinden auf Nahrungssuche geht.

Auch die kleinen Besucher können interaktiv an der Show teilnehmen. Die Mutigen unter den jungen Tierfans können sich einen vier Meter langen Tigerpython über ihre Beine schlängeln lassen. Eine unvergessliche Mutprobe der besonderen Art – und im Zoo ungefährlich noch dazu.

Keine Sorge: Wenn Sie es etwas weniger aufregend mögen, kommen Sie auch auf Ihre Kosten. Lassen Sie sich von den Greifvögeln faszinieren, die knapp über den Köpfen der Besucher hinweg fliegen, oder streicheln Sie Stinktierdame Schanell – ihr größtes Talent ist es, garantiert nicht zu stinken. ●

Show der Meere

Witzige Wasserbewohner

Die Erde trägt den Namen „blauer Planet" zu Recht, denn vom Weltall aus betrachtet erstrahlt unser Planet in einem kräftigen Blau. Das ist auch kein Wunder, sind doch mehr als drei Viertel seiner Oberfläche (etwa 360 Millionen Quadratkilometer) von Wasser bedeckt.

Wissenschaftler sind davon überzeugt, dass wir mehr über den Mond wissen als über die Ozeane unseres eigenen Planeten. Es ist also an der Zeit, etwas mehr über die Meeresbewohner und ihren Lebensraum zu erfahren. Von daher ist es eigentlich nur logisch, dass der Zoo Hannover ihnen eine eigene Show spendiert hat: die Show der Meere.

Um der Show einen würdigen Rahmen zu verleihen, wurde die Robbenanlage kräftig heraus geputzt. Die ehemals graue Betonfassade hat sich in eine phantasievoll gestaltete grün-blaue Unterwasserwelt verwandelt.

Auftritt der Seelöwen: Zu mitreißender Musik stürzen sich Emma, Sammy, Petzi, Jeany und Lizzy in die blauen Fluten. Pfeilschnell schießen die wendigen kalifornischen Seelöwen durch das Wasser.
Diese Akrobaten haben so einiges drauf, was sie dem gespannten Publikum auch nur allzu gerne beweisen. Emma zeigt beispielsweise ihren lange trainierten „Flossenstand", bei dem sie sich aufrecht auf ihre Hinterflossen stellt.

Robbenaerobic und Pinguinwalzer

Bei so einer Vorlage wollen die anderen Seelöwen natürlich in keiner Weise nachstehen, dementsprechend geht es ohne Pause weiter. Jeany springt durch Reifen, während Lizzy Schnellboot spielt und ihren Flossenantrieb anschaulich demonstriert. Petzi hingegen folgt dem letzten Schrei in der Seelöwen-Szene: Robbenaerobic – die gezeigten Übungen werden auch den gelenkigsten Zuschauer vor Neid erblassen lassen.

Während sich also alle Damen sportlichen Beschäftigungen hingeben, zieht der Seelöwenbulle es vor, sein Können im Schnellschlucken von Fischen zu zeigen. Zum Abschluss gibt es noch ein Küsschen für den Trainer, und dann verabschiedet sich der Hahn im Korb mit einem feuchten Gruß von den Zuschauern. Wenn sich 200 Kilogramm Lebendgewicht von einer erhöhten Plattform aus ins Wasser stürzen, sind Spritzer garantiert – hier geht es wirklich feucht-fröhlich zu!

Haben Sie sich je gefragt, wie groß ein Wal wird? Oder wie tief die Ozeane sind? Falls Sie es vor lauter Neugierde nicht mehr aushalten, soll zumindest eine der beiden Fragen bereits hier beantwortet werden: Der größte Wal ist der Blauwal, der eine Länge von 30 Metern erreichen kann.

In dieser Show haben auch die best geklei deten Zoo-Mitarbeiter ihren großen Auftritt: Zu Walzerklängen watscheln vier Brillen-Pinguine ins Rampenlicht.
Lassen Sie sich vom urkomischen Auftritt der Meeresvögel überraschen! ●

Talentierte Haustiere

Das Landleben ist nicht immer nur ruhig und idyllisch, sondern kann manchmal ganz schön aufregend sein – und lehrreich sowieso. Einen Einblick in das bunte Treiben auf einem Bauernhof gewährt die neue Show, die auf der großen Koppel auf Meyers Hof stattfindet.

Die Tierpfleger kleiden sich dafür in eine typisch bäuerliche Tracht und präsentieren auf unterhaltsame Art und Weise die Fähigkeiten von unseren Haus- und Hoftieren. Die Besucher werden nicht nur Zeuge, wie die Ziegen zur Höchstform auflaufen und zeigen, wie gut sie wirklich klettern können. Sie erfahren zum Beispiel auch, was der Unterschied zwischen Ziegen und Schafen ist.

Die Hunde des Bauern demonstrieren auf eindrucksvolle Weise, wie sie ihre „Schäfchen" voll unter Kontrolle haben und auch mit den Gänsen auf dem Bauernhof spielend umgehen können. Ein intensives vierjähriges Training müssen die bellenden Vierbeiner übrigens absolvieren, bevor sie sich „gelernter Hütehund" nennen dürfen. Die beiden Hunde Max und Moritz sind noch ganz am Anfang ihrer Karriere und werden sicher für viel Spaß sorgen!

Die Husumer Protestschweine haben ebenfalls ihren großen Auftritt in der Show – wortwörtlich im Schweinsgalopp mit wehenden Schlappohren. Natürlich wird auch verraten, wie die Schweine an ihren doch etwas ungewöhnlichen Namen gekommen sind.

In dieser Show sind allerdings nicht nur die Tiere und Pfleger in Aktion: Das Publikum wird in das muntere Treiben voll mit einbezogen. Da sind unvergessliche Momente vorprogrammiert, von denen vor allem die kleinen und kleinsten Besucher noch lange erzählen werden. ●

Tierfütterungen

Wie und vor allem was fressen Tiere?

Sie haben die tierischen Stars des Erlebnis-Zoo Hannover ja nun etwas besser kennen gelernt. Sie konnten die Tiere nicht nur in ihren Gehegen erleben, sondern auch in den unterhaltsamen Shows, bei denen allerlei Informationen über die Tiere und ihre Verhaltensweisen vermittelt werden. Nun stellt sich noch die Frage: Was und wie fressen sie?

Bis zu zwölf kommentierte Fütterungen können die Besucher im ganzen Zoo von A wie Affe bis Z wie Zebra beobachten. Die Pfleger informieren bei den Fütterungen über ihre tierischen Schützlinge und erzählen so manch nette Geschichte über deren besondere Charaktere.

Flusspferd Habari schwimmt zum Beispiel gerne stundenlang (während die anderen lieber dösen), Pelikan Olli ist der frechste der Truppe, Schimpansenchef Max muss immer als erstes bedient werden – sonst gibt es Ärger im Affenclan!

Zweimal in der Woche gehen die Mitarbeiter des Futter-Magazins auf dem Großmarkt für ihre tierischen Kollegen einkaufen. Eine bunte Mischung aus Gemüse, Kräutern und Obst steht auf ihrer Einkaufsliste.
Für die Tiere im Sambesi wird eine extra große Menge Salat eingekauft, denn während der Flusspferd-Fütterung werden keine halben Sachen gemacht: Bei den Schwergewichten verschwinden die Salatköpfe komplett im Maul.

Bei der täglichen Schimpansen-Fütterung werfen die Tierpfleger ihren Schützlingen

Wie und vor allem was fressen Tiere?

Äpfel, Möhren und Bananen zu. Die Menschenaffen können sehr geschickt fangen – und auch werfen! Vorsicht: Manche Möhre fliegt schon mal zurück. Die Pelikane hingegen lassen sich deutlich einfacher zufrieden stellen: Ihre Lieblingsspeise ist und bleibt nun mal frischer Fisch – davon können Sie sich vor Ort überzeugen.

Papageien selber füttern

Die kleinen Papageien im Tropenhaus können Sie gegen ein geringes Entgelt sogar selber füttern: Halten Sie dann einen kleinen Becher gefüllt mit einem speziellen Lori-Trinksaft in der Hand, fliegen die Papageien auf Sie wie Bienen auf Honig! Manchmal werden bis zu fünf Papageien auf Ihrem Arm sitzen. Bei der Fütterung zeigt sich übrigens auch die besondere Trink-Technik der Loris: Ihre Zunge ist vorne wie ein Pinsel aufgefächert. Mit dieser Pinselzunge können sie Nektar und Pollen der Blumen hervorragend aufnehmen. Im Tropenhaus müssen die Loris natürlich nicht so anstrengend von Blüte zu Blüte flattern, schließlich reichen die Zoobesucher ihnen ja zur Mahlzeit buchstäblich den Arm!

Im Gehege der Wölfe darf es da ruhig etwas deftiger zugehen. Bei ihnen steht frisches Fleisch weit oben auf dem Wunschzettel, allerdings nicht ausschließlich: Der Wolf nimmt auch durchaus pflanzliche Nahrung zu sich. Das wird während der Fütterung deutlich, die von den jeweiligen Tierpflegern kommentiert wird.

Die kleinen Zoobesucher können auf Meyers Hof aktiv werden und die Fütterungen nicht nur beobachten, sondern sogar dabei helfen. Die rotbunten Protestschweine warten schon gierig auf die gesunden Köstlichkeiten und bedanken sich mit zufriedenem Grunzen bei den kleinen Helfern. ●

In Planung – Yukon Bay

Nur was Menschen kennen, werden sie lieben. Nur was Menschen lieben, werden sie schützen.

...lautet die Philosophie des neuen *Erlebnis-Zoo Hannover*. Unzählige Tierarten gelten heute in freier Wildbahn als bedroht. Ihre natürlichen Lebensräume sind ganz oder teilweise zerstört. Zoos in aller Welt haben sich die Arterhaltung zur Aufgabe gemacht, nicht zuletzt, indem sie den Menschen die Tiere nahe bringen, sie informieren und berühren.

Der traditionsreiche hannoversche Zoo hat mit seinem Erlebnis-Konzept einen einzigartigen Weg gefunden, Menschen für Tiere zu begeistern: Weitläufige, naturnah gestaltete Landschaften und eine zukunftsweisende Tierhaltung beeindrucken Besucher aus dem ganzen Bundesgebiet und ermöglichen eine neue Art der Begegnung von Menschen und Tieren.

Doris Schröder-Köpf

Wir sind dabei – aus Überzeugung!

Der *Erlebnis-Zoo Hannover* ist schon heute das touristische Highlight der Region Hannover. Mit der Realisierung der Alaskalandschaft „Yukon Bay" werden seine Popularität und Anziehungskraft weiter wachsen. Diese neue, fünfte Themenwelt bietet dann auch den Eisbären, Pinguinen, Robben und Karibus einen artgerechten, würdevollen Lebensraum.

Gerne haben wir daher die Schirmherrschaft für die „Initiative Yukon Bay" übernommen und möchten auch Sie für dieses ehrgeizige Projekt begeistern. Folgen Sie uns auf einer Reise in die Wildnis Nordamerikas: Auf nach „Yukon Bay"!

Christian Wulff
Niedersächsischer Ministerpräsident

Bislang begeistern vier Themenwelten im Erlebnis-Zoo Hannover jährlich eine Million Besucher: der Gorillaberg, der Dschungelpalast, Meyers Hof und die Afrikalandschaft Sambesi. Jetzt ist der Bau der fünften Themenwelt geplant: Yukon Bay, eine große Alaskalandschaft mit Flusslauf, Wolfsschlucht und einer beschaulichen Hafenstadt. Yukon Bay wird die neue Heimat von Eisbären, Wölfen, Karibus, Robben, Pinguinen und Präriehunden. Und mit ihrer einzigartigen Unterwasser-Welt wird sie die größte Attraktion des Zoos.

Abenteuer Alaska

Alaska gilt als das letzte große Abenteuer. Das riesige Land am Rande der Arktis besteht aus zahllosen Flüssen, Bergen, zerklüfteten Küsten, baumloser Tundra und undurchdringbaren Wäldern. Weite Teile des 1,5 Millionen Quadratkilometer großen Landes hat noch nie ein Mensch betreten. Vor der Küste türmen sich Eisberge in den bizarrsten Formen. In der unberührten Natur ziehen große Karibu-Herden und wilde Wolfsrudel durch die Wälder. In den Eisfeldern vor der Küste jagen Eisbären.

Die Alaskalandschaft Yukon Bay im Zoo soll auf 22 000 Quadratmetern im Bereich der jetzigen Showarena – zwischen der afrikanischen Flusslandschaft Sambesi und dem Dschungelpalast – entstehen. Entlang des Flusses Yukon leben Wölfe und Karibus, Eisbären, Robben und – im „Nördlichsten Pinguin-Zoo der Welt“ – sogar Pinguine.

Goldgräberromantik

Der Weg durch Yukon Bay ist eine Reise durch die raue Wildnis Alaskas. Längst vergangene Goldgräberromantik lebt wieder auf, es locken zahlreiche Abenteuer. Ähnlich wie die Goldgräber des 19. Jahrhunderts durchwandern die Zoobesucher felsige Schluchten und alte Minen, bis sie schließlich in den Hafen von Yukon Bay gelangen.

Den Eingang zum Abenteuer Alaska bildet ein alter Bergwerksstollen. Das Holz der morschen Stützen knarrt, Wasser rauscht, eine alte Lore rattert über die Schienen. Hin und wieder hört man Tiergeräusche aus dem Dunkel. Am Ende des Stollens öffnet sich eine weite Landschaft, in der eine Karibu-Herde grast – aufmerksam beobachtet von einem Rudel Wölfe.

Alaska – das große Abenteuer

Der Weg führt vorbei an einer Wassermühle in typisch alaskaroter Holzbauweise hin zu einer weiteren Goldmine. Die Wolf-Mine war der Claim von Wilhelm „Digger-Billy" Backhaus, dem Gründer von Yukon Bay.
Wer in die Hafenstadt gelangen will, muss die teilweise eingestürzte Mine durchqueren. Große Risse und Löcher in der Felswand geben den Blick auf das Wolfsrudel in der Schlucht frei. Lediglich Glasscheiben in den Wänden trennen Mensch und Tier. Die Wölfe, sonst Meister der Tarnung, können aus dem Schutz der Mine heraus heimlich beobachtet werden.
Die Spannung, die zwischen Wölfen und Karibus knistert, ist greifbar: Die einen belauern, die anderen sind wachsam – immer auf der Jagd oder aber auf der Hut. Die spannende Szenerie spielt sich entlang des Yukon ab. In einer Schlucht fließt der kristallklare Fluss bis in die Meeresbucht. Schroffe Felsen, Tundralandschaft und das Geheul der Wölfe versetzen in die Welt von Jack London. Goldgräberromantik pur!

Dann geht es zurück in die Zivilisation. Die ersten bunten Holzhäuser der Hafenstadt sind zu sehen. Yukon Bay ist eine kleine Stadt, die während des Goldrausches in der Bucht von Alaska errichtet wurde. Ein Brunnen auf dem Marktplatz erinnert an den Gründer der Stadt: Wilhelm „Digger-Billy" Backhaus wäscht unter dem plätschernden Wasser Gold aus seinem Sieb.

Alaska – das große Abenteuer

Als die Minen versiegt waren, brachte das Gold des Meeres – der Fischfang – den nächsten großen Aufschwung. Heute jedoch lebt die Stadt vorwiegend vom Tourismus. Die große Fischauktionshalle wurde in Mike's Fish Inn umgebaut. Hier serviert Mike, der Sohn deutscher Einwanderer, köstlichen Alaska-Seelachs und hin und wieder sogar Forelle Müllerin, nach dem Rezept seiner Großmutter aus Hannover.

So urig und gemütlich die Hafenstadt auch wirken mag – es ist eine Stadt in der Wildnis und die Gefahren lauern überall: Eisbären bewohnen die Küste der Meeresbucht und kommen bis an die Stadt heran, fast auf Fellfühlung! Nur durch große Glasscheiben sind die Besucher und Bewohner Yukon Bays von den Raubtieren getrennt.

Der nördlichste Pinguin-Zoo der Welt

Im Hafen von Yukon Bay liegt das leckgeschlagene alte Frachtschiff Yukon Queen. Einst fuhr Kapitän Henry Charters mit seiner Yukon Queen die Route Alaska-Südafrika. Als das Schiff im Hafenbecken auf Grund lief, blieb Kapitän Charters in Yukon Bay – und mit ihm eine Truppe putziger Pinguine, die Charters in Südafrika an Bord genommen hatte und bei seiner nächsten Fahrt nach Kalifornien bringen wollte. Aus dem Ende der großen Fahrt wurde der Anfang einer großen Attraktion: Charters er-

Alaska – das große Abenteuer

öffnete den „Nördlichsten Pinguin-Zoo der Welt" auf seinem Frachter.
Robben, die sich im Hafenbecken tummeln, beäugen die seltsamen kleinen Frackträger. Pinguine gibt es in Alaska nämlich eigentlich nicht. Aber mittlerweile haben sich die Robben an ihre neuen Nachbarn gewöhnt. Sie räkeln sich genüsslich auf den Felsen in der Sonne und warten auf ihren nächsten Auftritt. Zweimal täglich zeigen sie in der Robbenshow, wie schnell, beweglich und gefräßig sie sind. Die Zuschauer können die Shows von der bequemen Holztribüne aus verfolgen und zugleich die pittoreske Hafenszenerie genießen.

Perfekte Tierhaltung und Ökologie

64 % mehr Wasserfläche* für Eisbären, Pinguine und Seebären

85 % geringerer Wasserverbrauch* dank modernster Wasseraufbereitung

*im Vergleich zu den alten Anlagen

Henry's Underwater World

Das außergewöhnliche Geheimnis, die größte Attraktion von Yukon Bay, offenbart sich jedoch unter der Wasseroberfläche: Kapitän Henry Charters hat seinen Frachter zu einer Unterwasser-Station ausgebaut!
Große Fenster und die Bullaugen des Schiffes eröffnen einmalige und unvergessliche Einblicke in das Unterwasserleben von Eisbären, Pinguinen und Robben. Eisbären schlagen Purzelbäume, Robben und Pinguine schießen pfeilschnell vorbei und ziehen den Besucher magisch in die Schwerelosigkeit der Unterwasserwelt. Erst hier – als Gast in dem sonst unzugänglichen Element der Tiere – können die Besucher die Größe der Eisbären sowie die Geschicklichkeit der Robben und Pinguine wirklich erleben.
Weltweit bieten nur wenige Zoos ihren Gästen dieses Erlebnis!

Dringender Handlungsbedarf

Das große Abenteuer Alaska soll im *Erlebnis-Zoo Hannover* mit Yukon Bay Realität werden. Yukon Bay wird Einblicke in die

Welt der arktischen Tiere vermitteln, die in dieser Form einmalig sein werden.
Doch Yukon Bay soll auch die verbliebenen Schwachstellen im Zoo beseitigen, die tiergärtnerisch, ökologisch und wirtschaftlich nicht mehr zu verantworten sind: die jetzigen Eisbären-, Robben- und Pinguinanlagen. Die Anlagen stammen vom Anfang und aus der Mitte des letzten Jahrhunderts und entsprechen nicht den heutigen EU-Richtlinien zur Tierhaltung. Die neuen Anlagen in Yukon Bay bieten den Tieren um ein Vielfaches größere Lebensräume, die nach den neuesten tiergärtnerischen Erkenntnissen ausgestattet sind.

Spiel und Spaß in Alaska

Yukon Bay entspricht somit sowohl den neuesten zoologischen Haltungsanforderungen als auch dem Bedürfnis der Besucher nach Unterhaltung und spannenden Tiererlebnis-

Alaska – das große Abenteuer

sen. Spiel- und Bildungsangebote für Kinder, Gastronomie, Shop und Sanitärräume sind thematisiert – also in das Gesamtkonzept eingefügt – so dass sich der Besucher tatsächlich in Alaska wähnt.

Am Stadtrand von Yukon Bay steht eine alte Golddredge, ein landestypischer Schwimmbagger aus Holz, mit dem nach Gold geschürft wurde. Inspiriert durch die Goldgräberstimmung können Kinder hier selbst nach Nuggets suchen. Neben der Goldwaschanlage stehen Ponys bereit, mit denen die Kinder ihren Goldfund abtransportieren können. In der alten „Dredge" können Kinder spielen und auf einer großen Siebanlage hüpfen.
Neben dem Pier wartet eine Ausgrabungsstätte auf kleine Archäologen. Eigentlich hätte genau an dieser Stelle das neue Rathaus von Yukon Bay gebaut werden sollen. Beim Bau stieß man jedoch auf die Überreste eines Mammuts – der Bau wurde sofort gestoppt...

Artenschutz

Ein Wettlauf mit der Zeit...

Weltweit gibt es schätzungsweise zwischen vier und zehn Millionen Tier- und Pflanzenarten. Davon sind bis heute nur die wenigsten bekannt, denn erfasst wurden nur ungefähr 300 000 Pflanzen- und 1,4 Millionen Tierarten.

Und auch von den erfassten sind seit Beginn der Aufzeichnungen viele schon wieder ausgestorben. Die Forschung in diesem Bereich gleicht also fast einem Wettlauf gegen die Zeit. Gründe für das Aussterben können vielfältig sein: Während etwa das Verschwinden der Dinosaurier vermutlich durch einen gewaltigen Meteoriteneinschlag und den dadurch verursachten Klimawechsel hervorgerufen wurde, starben weitere Tierarten im Laufe der Geschichte immer wieder auf natürliche Weise aus. Die Natur regulierte sich seit Jahrmillionen eigentlich selbst und wird erst jetzt durch den Menschen, der eine wirklich unberechenbare Gefahr für die Pflanzen und Tiere auf unserer Erde geworden ist, in ihrem Gleichgewicht bedroht.

Gefahr durch den Menschen

Wurden zunächst Tiere nur zur Nahrungssuche gejagt, waren bald Felle und Trophä-

Neu in Marokko: Addax-Antilopen aus dem Zoo Hannover

en wie Stoßzähne und Hörner Grund für das Töten. Doch auch das Abholzen der Regenwälder oder ein stetig wachsender Schadstoffausstoß machen es der Natur nicht eben einfach. Die Folge: Dutzende Arten verschwinden täglich für immer von unserem blauen Planeten.
Längst haben sich darum Tierparks, Forscher und Organisationen, die sich der Wissenschaft und dem Artenschutz verschrieben haben, an die Aufgabe gemacht, einzelne Tierarten zu retten – sei es durch Jagdverbote oder das rigorose Vorgehen gegen Wilderer auf der einen Seite und Umweltsünder auf der anderen Seite. Auch wenn es leider nicht gelingen wird, sämtliche Arten zu erhalten, zeigt jedoch das Engagement, dass die Natur ein schüt-zenswertes Gut ist, das für spätere Generationen unbedingt bewahrt werden muss.

Zoos als Arche Noah

Weltweit versuchen Zoos und Tierparks ihren Teil dazu beizutragen, dass es auch zukünftig noch möglich ist, sich an pelzigen, schuppigen oder gefiederten Tieren zu erfreuen. Jeder Zoo für sich kann hier natürlich nur ein Tropfen auf den heißen Stein

Der Erlebnis-Zoo koordiniert das Europäische Erhaltungszuchtprogramm für die Drills.

Ein Wettlauf mit der Zeit...

Erhaltungszucht-Programme

Im Erlebnis-Zoo Hannover werden die Zuchtbücher für die Addax, Drills, Dikdiks, Pferdeantilopen und die Hulman-Languren geführt.

Folgende Europäische Erhaltungszuchtprogramme unterstützt der Zoo außerdem:

- Schopfgibbon
- Westlicher Flachlandgorilla
- Sumatra Orang-Utan
- Asiatischer Elefant
- Persischer Leopard
- Armur Tiger
- Somali-Wildesel
- Spitzmaulnashorn
- Gepard
- Kleiner Panda
- Lisztäffchen
- Rothschildgiraffe
- Vikunja
- Andenkondor
- Bartgeier
- Brillenpinguin

sein – jedoch mit vereinten Kräften schafft man so manche Art zu erhalten. Aus Forschung und Erfahrungen mit der Aufzucht verschiedener Arten wurden über die Jahre spezielle Erhaltungsprogramme entwickelt, mit denen nicht nur zahlreiche Nachzüchtungen bedrohter Tierarten gelingen, sondern sogar Auswilderungen in die Herkunftsländer der einzelnen Tiere ermöglicht werden. Um effektiver arbeiten zu können, spezialisieren sich die Zoos.

Der *Erlebnis-Zoo Hannover* kämpft besonders für den Erhalt von Addax-Antilopen und Drill-Affen. 84 Antilopen konnten in Nordafrika bereits wieder ausgewildert werden. Die Gruppe der imposanten Drills ist die größte in Europa! Insgesamt beteiligt sich

der Zoo-Hannover an 18 Europäischen Erhaltungszuchtprogrammen.
Eines davon schützt die wunderschönen Bartgeier – deren Überleben vor wenigen Jahrzehnten noch „am seidenen Faden" hing. Heute fliegen Bartgeier wieder frei über den Alpen. Einige von ihnen kamen in Hannover zur Welt.

EEP – Das Europäische Erhaltungszuchtprogramm

Eine Spezialisierung der einzelnen Zuchtprogramme setzt natürlich voraus, dass eine Organisation der Kompetenzen und Verständigung untereinander gewährleistet ist. Die EAZA, die Europäische Vereinigung von Zoos und Aquarien, verwaltet die Zucht von über 120 bedrohten Tierarten in sogenannten EEP's, den Europäischen Erhaltungszuchtprogrammen. Für jede Tierart gibt es einen EEP-Koordinator, der Zuchtempfehlungen gibt, Nachwuchs vermittelt, neue Gruppen zusammenstellt und Richtlinien für die artgerechte Haltung der jeweiligen Tierart erarbeitet.

Zudem werden Analysen angefertigt, wie sich diese Tierart in genetischer Hinsicht in den nächsten Jahrzehnten entwickeln muss,

Bilder links: Bartgeier-Aufzucht
Unten: Auch der Flachlandgorilla gehört zu den bedrohten Tierarten.

Ein Wettlauf mit der Zeit...

um vor dem Aussterben bewahrt zu werden. Hierzu werden die genauen Daten der vorhandenen Tiere in speziellen Computerprogrammen archiviert und bearbeitet. So wird dafür gesorgt, dass eine größtmögliche genetische Vielfalt trotz der begrenzten Tierzahl in den Zoopopulationen erhalten bleibt.

Heute sind über 300 Zoos in fast allen Ländern Europas an den EEPs beteiligt.
In Hannover werden die EEPs und Zuchtbücher für Addax-Antilopen und Drill-Paviane koordiniert.

Darüber hinaus gibt es Tiere, die in den „European Regional Studbooks" (ESB) verzeichnet werden. Die ESB registrieren die Daten von Tieren innerhalb von Europa, die keinem EEP angehören. In Hannover werden zusätzlich die ESB für die Pferdeantilopen, Hulman-Languren und die Zwergrüssel-Dikdiks geführt.

Folgende Arten sind des Weiteren in Hannover in ESBs verzeichnet: Zweifinger-Faultier, Katta, Rotkopfmangabe, Kleiner Kudu, Flachland-Nyala, Gänsegeier, Hornrabe, Känguru der Gattung Macropus ssp., Europäischer Braunbär, Rotstirnmaki, Kalifornischer Seelöwe, Flachlandtapir, Blessbock.

Bedrohte Großkatze: der Gepard

Hinter den Kulissen

Es gibt viel zu tun...

Jeden Morgen erwacht der Zoo auf ein Neues. Aber nicht erst wenn die ersten Besucher eingelassen werden oder wenn der Zoodirektor sein Büro betritt, beginnt der Zootag, denn die tierischen Bewohner der Zoos kennen keinen Stundenplan und keine Bürozeiten. So sind es auch die Tierpfleger, die jeden Morgen früh aufstehen und als erste den Zoo betreten. Routine-Checks und die ersten Fütterungen stehen auf dem Programm.

Ab 7.00 Uhr

Der erste Blick am Morgen gilt natürlich den Tieren in ihren Stallungen. Sind alle wohlauf, fehlt es einem Tier an irgendetwas? Steht möglicherweise eine Geburt in den nächsten Stunden an? Nach den ersten Leckereien und Streicheleinheiten schauen die Pfleger in die jeweiligen Außengehege. Sind alle Zäune in tadellosem Zustand, sind alle Scheiben intakt und sauber? Danach wird jedes Gelände gereinigt und geharkt, damit sich die Tiere nicht nur wohlfühlen können, sondern sich auch im besten Glanz präsentieren können.

8.00 Uhr

Der Futtermeister des Zoos beginnt seine Arbeit. Für jeden Abschnitt im Zoo, „Revier" genannt, werden die verschiedenen Rationen und Portionen zusammengestellt. Steht heute für irgendjemanden etwas besonde-

Zoo-Inspektor Klaus Brunsing prüft auf dem Großmarkt die Qualität der Früchte.

res auf dem Speiseplan? Bekommen die Flusspferde vielleicht gerade eine spezielle Diät, die der Doktor angewiesen hat? Von der Futterstation werden die einzelnen Reviere beliefert. Die Tierpfleger füllen damit die Tröge, aber oft wird das Futter auch versteckt. Zu leicht will man es keinem Tier machen, denn in der Wildnis steht die Nahrung auch nicht immer am selben Platz in einem Trog.

8.30 Uhr

Im Elefantenhaus ist es jetzt Zeit für das morgendliche Waschen. Den Elefanten gefällt es besonders, wenn sie ordentlich eingeseift und mit großen Bürsten kräftig geschrubbt werden. Dabei hören die Tiere ganz genau auf die Anweisungen der Pfleger, die bei dieser Prozedur auf Englisch mit ihnen reden – denn Englisch ist die Sprache, die alle Elefanten auf der ganzen Welt lernen. Falls ein Tier einmal in einen anderen Zoo umzieht, kommt es so nicht zu Verständigungsproblemen mit den neuen Pflegern.

9.00 Uhr

Nun kommen auch die ersten Besucher in den Zoo, die Kassenhäuschen sind besetzt und auch in der Information warten die freundlichen Service-Mitarbeiter auf die ersten Fragen der Gäste. Die Zoologen und Tierärzte sind zu diesem Zeitpunkt schon

Jeden Morgen wird frisches Obst und Gemüse angeliefert.

Es gibt viel zu tun...

mit ihrer Morgenrunde fertig. Jeder Revierleiter wurde zum Zustand der einzelnen Tiere befragt, Patienten wurden versorgt, und über alles wird Tagebuch geführt – erst handschriftlich, dann werden die Daten in den Computer eingegeben.

10.00 Uhr

Auf dem Gorillaberg werden jetzt die Menschenaffen gefüttert. Gerade sind die Schimpansen dran. Und es gibt etwas mehr als nur die typische Banane, denn die Tiere lieben, schätzen und brauchen die Abwechslung. Heute gibt es zum Beispiel Mangos, Zucchini, Tomaten, Karotten und Fenchel. Bei den jeweiligen Fütterungen erzählen die Pfleger den staunenden Besuchern auch eine ganze Menge über die Eigenschaften und Eigenarten der einzelnen Tiere.

11.00 Uhr

Die Tiere sind gefüttert und erkunden ausgiebig ihre Außenanlagen. Nun sind die Stallungen hinter den Kulissen an der Reihe. Es wird kräftig ausgemistet und ordentlich ausgespritzt. Der Mist der Tiere wird übrigens in grünen Wagen gesammelt, die von einem Traktor abgeholt werden – jedoch nicht einzeln, sondern aneinander gekoppelt wie ein Eisenbahnzug. Je weiter der Traktor seine Runde macht, desto länger wird der Zug.

12.00 Uhr

Die Gärtnertruppe ist mitten in ihrer Arbeit. Heute steht das Ausbessern eines schadhaften Zauns an und später soll im Tigergehege noch neuer Bambus gesetzt werden. Dabei müssen die Gärtner genau aufpassen, denn manche Tiere werden von bestimmten Pflanzen krank. Die Gärtner im Zoo müssen also genau wissen, was welches Tier frisst.

14.00 Uhr

Gleich beginnt die große Tiershow. Der Pfleger überprüft noch einmal sein Showkostüm und vor allem die Leckereien, die die Tiere immer als Belohnung für gelungene Kunststücke erhalten: Paranüsse für die Papageien, Fleischstückchen für die Greifvögel. Nur der Tigerpython braucht keine Ex-

Die Gärtner bessern die Wegbegrenzungen aus.

Die Zootierärzte bei der Ultraschalluntersuchung eines Faultiers.

traleckereien – er bekommt nur alle sechs Wochen ein Kaninchen. Um Punkt zwei Uhr öffnet sich der Vorhang: Showtime!

15.00 Uhr

Ein Blick in die Verwaltung: In wenigen Minuten beginnt die wöchentliche Sitzung der Abteilungsleiter. Eine gute Gelegenheit sich untereinander auszutauschen, damit jeder vom neuesten Stand der Dinge unterrichtet ist. Bei 300 Mitarbeitern spielt die Kommunikation im Zoo eine wichtige Rolle.

17.00 Uhr

Der Zoo bereitet sich langsam auf das Ende des Besuchstages und die folgende Nacht vor. Überall wird noch einmal gereinigt, frisches Stroh und Heu ausgelegt und Futter in die Tröge der Tiere gefüllt. In knapp einer Stunde geht es für alle Tiere zurück in die Stallungen.

18.00 Uhr

Auf Meyers Hof fressen die Schweine quiekend und schmatzend Äpfel. Vergnügt helfen gerade die jüngeren Zoogäste bei dieser letzten Fütterung. Doch dann heißt es: Feierabend.
Der Zoo schließt seine Pforten, und die Pfleger bringen die Tiere in ihre Unterkünfte – wieder geht ein erfolgreicher Tag im *Erlebnis-Zoo Hannover* zu Ende.

Klare Sicht auf die Hippos

Lautlos gleiten die Sambesi-Boote über den Fluss, Flamingos schnäbeln im Wasser nach Nahrung, Giraffen haben ihren langen Hals zum Trinken geneigt, Flusspferde dösen ruhig am Ufer. Damit Tiere und Besucher das friedliche Leben in der Flusslandschaft Sambesi täglich genießen können, bedarf es hinter den Kulissen einer Menge Technik.

Die Wasserqualität in dem 450 Meter langen Flusslauf sowie in den großen Innen- und Außenbadebecken der Flusspferde muss jeden Tag optimal sein! Gefiltert, gereinigt, geprüft und aufbereitet wird das Wasser im technischen Herzen des Zoos, einer 300 Quadratmeter großen unterirdischen Halle. Mehrere hundert Meter Rohre sind in dieser Halle verlegt. Zwischen Kesseln und Filtern, Armaturen und Dioden, Rohren und Heizungen bleiben nur schmale Wege für die Zootechniker, die den überwältigenden Wasseraufbereitungsmechanismus täglich beherrschen. Der am Eingang ausgehängte Schaltplan der Anlage mit allen Rohren

Modernste Technik sorgt für das Wohlbefinden der Hippos und für klare Sicht auf die Schwergewichte.

Reinigung des Flusspferdbeckens

und Leitungen gleicht einem komplizierten Schnittmuster oder dem U-Bahn-Plan der größten Stadt der Welt.

Das Wasser für den Zoo stammt aus dem Maschsee in Hannovers Mitte. Durch unterirdische Pipelines wird es zum Zoo befördert und hier aufbereitet. Reines Trinkwasser zu verwenden wäre viel zu kostspielig und ökologisch nicht vertretbar! Das Was-

Klare Sicht auf die Hippos

ser aus dem See durchläuft zunächst einen groben Vorfilter, wird dann in einer Kiesbettfilteranlage gereinigt und in einem riesigen Vorratsbehälter gesammelt.
Von dort aus wird das aufbereitete Wasser über vier Pumpen in den ganzen Zoo befördert, speist den Sambesi und wird zum Wässern der Pflanzen und Säubern der Ställe verwendet.

Das Flusspferd-Planschbecken

In einem zweiten Kreislauf wird das Wasser eigens für die Flusspferde noch einmal in einer speziell für den Zoo entwickelten Anlage aufbereitet. Die Becken der gemütlichen Dickhäuter fassen innen 200 und außen 400 Kubikmeter Wasser. Bildlich gesprochen: Diese zusammengerechnet 600 Kubikmeter Wasser im Flusspferdpool entsprechen 5 000 vollen Badewannen!

Oben: Hippo-Wohlfühl-Wohnzimmer dank modernster Wasseraufbereitung
Rechts: Klare Sicht auf das Unterwasserballett

Das Wasser für die Flusspferde wird zuerst mechanisch über eine Siebtrommelanlage gereinigt. Danach durchläuft es eine Mehrschicht-Kies-Filteranlage und wird in den Ozonreaktionsbehälter zur Desinfektion und Algenbekämpfung gepumpt. Von hier führt der Weg erst über zwei Kohlefilter, die das Restozon herausfiltern, bevor das Wasser für die sonnenverwöhnten Hippos über Wärmeaustauscher auf kuschelige 20 Grad ge-

bracht wird. Erst jetzt kann das gereinigte und erwärmte Wasser in die Becken der Flusspferde fließen.
Und weil Flusspferde dazu neigen, ihr Becken recht schnell zu verunreinigen, muss das Wasser der Dickhäuter ständig gereinigt werden. In freier Wildbahn würde die Strömung des Flusses den Kot der Tiere wegspülen, im Zoo leben Flusspferde jedoch in einem stehenden Gewässer.
Pro Stunde laufen daher durch die Wiederaufbereitungsanlage 200 Kubikmeter Wasser, die kristallklar wieder zu den Flusspferden zurückfließen. Dank der aufwändigen Technik werden für die sieben Flusspferde in einem Jahr lediglich 6 500 Kubikmeter Maschsee-Wasser benötigt!
Zum Vergleich: Vor dem Umbau des Zoos wurde das (Trink!-)Wasser in der alten Flusspferd-Anlage wöchentlich ausgewechselt. Bei einem Beckeninhalt von nur 160 Kubikmeter wurden jährlich 15 000 Kubikmeter Trinkwasser verbraucht. Mit der modernen Aufbereitungstechnik im neuen Zoo muss das Wasser nur zweimal im Jahr komplett ausgewechselt werden. Trotz der größeren Wasserfläche erzielt der Zoo jetzt eine Wasserersparnis von 8 500 Kubikmetern im Jahr.

Und während die Technik hinter den Kulissen auf Hochtouren arbeitet, können die Zoobesucher den Flusspferden durch das kristallklare Wasser bei ihrem hinreißenden Unterwasserballett zusehen. ●

Möglichkeiten im Zoo

Feste feiern

Egal, ob Geburtstag, Hochzeit, Incentive-Veranstaltung Ihres Unternehmens, Firmenjubiläum oder einfach ein rauschendes Fest im Dschungelpalast – die Anlässe sind so vielfältig wie die Möglichkeiten im Erlebnis-Zoo Hannover.

Und da außergewöhnliche Anlässe auch nach außergewöhnlichen Orten verlangen, ist der Zoo eine der besten Adressen für Ihre nächste Feierlichkeit. Die Themenwelten im Zoo Hannover bieten Ihnen ein einzigartiges Ambiente für unvergessliche Feste und Feiern – verzaubern Sie Ihre Gäste!

Meyers Hof – feiern wie auf dem Land

Es ist eine Reise in eine längst vergessene Zeit. Meyers Hof bietet Ihnen und Ihren Gästen ein idyllisches Ambiente, ein Stück Niedersachsen vergangener Tage. Viele alte Fachwerkhäuser bilden den Rahmen dieses malerischen Bauernhofs.

Dazwischen schnattern Gänse, grasen Kühe gemütlich auf der Weide, und im Wind flattert die Wäsche von Bauer Meyer zum Trocknen. Und Sie entscheiden, ob Sie Ihre Gäste mit einer stilechten „Lüttje Lage" begrüßen, ob Sie in der großen Festscheune zum „Dans op de Deel" laden oder in der Alten Werkstatt die urige Atmosphäre genießen wollen – den Möglichkeiten sind fast keine Grenzen gesetzt. Vielleicht möchten Ihre Gäste ja auch dem Bauern beim Füttern der Tiere helfen und ihm über die Schulter schauen.

Bauer Meyers Festscheune

Die Festscheune auf Meyers Hof ist ein alter Fachwerkbau aus dem Jahre 1743, der mit seinen dunklen Eichenbalken und roten Backsteinen ein heimeliges Ambiente verspricht. Die Scheune bietet Platz für bis zu 150 Gäste und ist zum Beispiel für Hochzeitsfeiern sehr beliebt. Einen Bestuhlungsplan für die Scheune erhalten Sie übrigens gerne auf Anfrage, aber auch im Internet unter www.zoo-hannover.de.

Die Alte Werkstatt

Das rund 300 Jahre alte Fachwerkhaus, das einst eine Werkstatt für den Bauernhofbetrieb beherbergte, ist mittlerweile eine urig-gemütliche Kneipe, die Platz für 25 bis 36 Gäste bietet. Die Ausstattung der

Werkstatt erinnert übrigens immer noch an ihre damalige Verwendung:
Treckersitze wurden zu Stühlen umfunktioniert und alte ausgediente Türen dienen nun als Tische. Und auch sonst hält die Werkstatt viele interessante Details bereit, die an das Leben auf dem Bauernhof erinnern und nur darauf warten, von Ihnen entdeckt zu werden.

Kammerfächer im Gasthof

Der Mittelpunkt des Hofes ist das große Gasthaus Meyer. Und hier stellt Ihnen der Wirt gerne die sogenannten Kammerfächer – die früheren Wohnräume des Bauern – für Ihre Feiern zur Verfügung. Genießen

Bauer Meyers Festscheune

Feste feiern

Sie die besondere Atmosphäre! Direkt vor den Kammerfächern liegt übrigens die große Sonnenterrasse mit Blick auf die ländliche Idylle des Hofes, Ententeich und Kräutergarten.

Die beiden Kammerfächer zusammen bieten übrigens Platz für bis zu 55 Personen, können aber auch einzeln gemietet werden. Einen besonderen Bestuhlungsplan stellt Ihnen das Eventteam des Zoos gerne zur Verfügung.

Sambesi – der Zauber Afrikas

Um einen stimmungsvollen Sonnenuntergang in Afrika zu erleben, muss man nicht erst nach Afrika reisen. Genießen Sie den

Grillfeststimmung am Sambesi

Perfekt für große Firmenfeiern: der Dschungelpalast

afrikanischen Sonnenuntergang am Ufer des Sambesi. Gruppen von 100 bis 500 Personen können gemeinsam den Tagesausklang feiern, den Geräuschen der nahen Tierwelt lauschen und sich an saftigen Grillsteaks erfreuen. Oder Sie erkunden Afrika per Bootstour.

Ein romantisches Candlelight-Dinner ist hier ebenso möglich wie ein abendlicher Ausflug zur Unterwasserwelt der Flusspferde. Die zahlreichen, kombinierbaren Angebote versprechen einen unvergesslichen Abend im Herzen Afrikas.

Dschungelpalast – feiern wie die Maharadschas

Den Zauber Indiens erleben vor einer der atemberaubendsten Kulissen des Zoos – das verspricht ein Fest im Dschungelpalast. Feiern Sie gemeinsam mit 50 bis 100 Gästen eine märchenhafte Nacht in der reich dekorierten Palasthalle, oder laden Sie bis zu 1500 Gäste zu einer indischen Nacht mit Tempeltänzerinnen, Fakiren und tierischen Stars unter freiem Himmel.

Kein Wunsch bleibt unerfüllt, hier im märchenhaften Dschungelpalast, der wie geschaffen scheint für unvergessliche und romantische Momente. Ihre Gäste werden staunen und träumen.

Parkscout-Tipp

Sie benötigen Musiker und Entertainer, wünschen vielleicht eine spezielle Tiershow oder haben keinen eigenen Fotografen?
Kein Problem – bei allen organisatorischen Fragen steht Ihnen das Eventteam des Zoos hilfreich mit vielen Ideen und individuellen Lösungen zur Seite. Damit ihre Feier auch wirklich einmalig und unvergesslich wird.

Sie erreichen das Eventteam unter
0511 – 85 62 66-200.

Führungen

Mit den Scouts die Tierwelt erleben

Der Erlebnis-Zoo Hannover bietet einzigartige Gruppen-Führungen an, bei denen die Besucher tierisch viel erleben können. Ortskundige Zoo-Scouts führen Sie und Ihre kleine Reisegesellschaft sicher durch die abenteuerliche Welt der Tiere. Bei der großen Zooreise verrät der Scout nicht nur alle tierischen Geheimnisse, er versorgt seine Begleiter während der dreistündigen Safari auch mit dem passenden Reiseproviant!

Die Weltreise

Reisen Sie in eine andere Welt, zum Beispiel mit dem Boot durch Afrika, vorbei an Steppe und Savanne. Erblicken Sie an den Ufern Antilopen und Gazellen, Nashörner und Giraffen, Löwen und Flusspferde, während Ihr Zoo-Scout Wissenswertes und Kurioses erzählt. Erleben Sie dann traumhafte Momente in Indien, beobachten Sie eine Elefantenherde beim Baden, und schauen Sie den beiden Babyelefanten beim Spielen und Herumtollen zu. In der verlassenen Palastanlage warten Schlangen, Tiger und heilige Affen, die Hulman-Languren.
Nächste Station: Gorillaberg. Folgen Sie dem Evolutionspfad bis zur großen Urwaldlichtung: Im dichten Grün mit Wasserfall und Bachlauf lebt eine imposante Gorillafamilie. Ihr Scout führt Sie sicher wieder aus der Wildnis heraus und geleitet Sie nach Niedersachsen, auf den Hof von Bauer Meyer, wo Sie mit frischem Kaffee und leckerem Kuchen verwöhnt werden. Dieser Tag wird unvergesslich!

Der Kurztrip

90 Minuten tierische Spannung verspricht die „Erlebnis-Safari". Sie möchten traumhafte Augenblicke in Indien genießen? Oder die Geheimnisse des Gorillaberges erforschen? Sie wollen endlich Afrika entdecken? Bei der Erlebnis-Safari führt der ortskundige Zoo-Scout Sie und Ihre Begleiter durch eine der Zoo-Erlebnis-Welten Ihrer Wahl. Sie geben das Ziel vor, der Scout führt Sie sicher durch den Dschungel. Ob Indien, Afrika oder der Gorillaberg: Jede Führung ist einmalig und richtet sich ganz nach Ihren Wünschen.

Rendezvous mit dem Lieblingstier

Sie sind in ein ganz spezielles Tier vernarrt? Sie wollten schon immer einmal einem

Mit den Scouts die Tierwelt erleben

Flusspferd die Schnauze kraulen, eine Riesenschildkröte oder ein Erdmännchen füttern? Hier im *Erlebnis-Zoo Hannover* geht das bei einem großen Rendezvous. Erleben Sie, was anderen Zoobesuchern verborgen bleibt: Werfen Sie einen Blick ins Schlafzimmer der Flusspferddamen, kraulen Sie den Tapir, bis er sich Ihnen seufzend zu Füßen legt, füttern Sie die Nasenbären, die Ihnen neugierig aus der Hand fressen. Fragen Sie die Scouts nach den verschiedenen Möglichkeiten zu einem tierischen Erlebnis.

Als Erinnerung an Ihre tierische Begegnung erhalten Sie eine Urkunde mit einem Foto Ihres Lieblingstieres.

Rendezvous mit dem Lieblingstier

Mit den Scouts die Tierwelt erleben

Die Feierabend-Safari

Machen Sie Ihren Feierabend zu etwas ganz Besonderem: Ein Scout entführt Sie aus dem Stress des Alltags in die Weiten der aufregenden Tierwelt.

Mit dem Boot auf dem Sambesi geht es zu den Tieren Afrikas. Entdecken Sie neugierige Erdmännchen und freche Pelikane, grazile Gazellen und imposante Nashörner. Zurück an Land erproben Sie sich im „Lüttje-Lage-Trinken" auf Meyers Hof – unter Anleitung und mit Lätzchen, versteht sich – bevor Sie den Abend zusammen mit Ihren Arbeitskollegen im Gasthaus Meyer gesellig ausklingen lassen können. Rund 90 Minuten dauert die Feierabend-Safari, von der Sie noch lange erzählen werden.

Kindergeburtstag feiern

Im *Erlebnis-Zoo Hannover* können Kinder mit vielen Freunden und über 2 000 tierischen „Gästen" ein Fest feiern, das niemand so schnell vergessen wird.

Mit dem Zoo-Scout entdecken die kleinen Tierfreunde Löwen, Giraffen, Tiger, Pelikane, Elefanten, Flusspferde und lustige Erdmänn-

Mit den Scouts die Tierwelt erleben

chen. Tierische Geschichten und jede Menge Spaß sind garantiert. Das Geburtstagskind darf sich wünschen, wohin die Reise gehen soll - und natürlich bekommt es eine tolle Krone und ein buntes Erinnerungsfoto. Nach der Führung beginnt eine spannende Rallye, bei der die kleinen Gäste schlau wie ein Fuchs sein müssen.

Kleine oder große Geburtstagssafari: Sie haben die Wahl! Pommes und Würstchen für die hungrigen kleinen Abenteurer sind bei der großen Safari im Preis enthalten.

Parkscout-Tipp

Nirgends lässt sich ein Kindergeburtstag aufregender feiern als in den verwunschenen Brodelbutzen auf der Brodelburg! Die hutzeligen Räume verfügen über Tisch und Bänke, lassen sich einzeln anmieten und abschließen.

Fragen Sie einfach beim Zoo-Serviceteam unter der Rufnummer 0511 – 280 74 163.

Patenschaften

In bester Gesellschaft

Sie konnten sich noch nie an Tigern im Dschungelpalast satt sehen oder sind vernarrt in die rosaroten Flamingos am Ufer des Sambesi? Sie sind begeistert von der Ruhe, die die sanften Riesen des Gorillabergs ausstrahlen? Sie mögen die frechen Pelikane besonders gern? Übernehmen Sie eine Patenschaft!

Viele Unternehmen sind Tierpate im *Erlebnis-Zoo* und lassen ihr Tier sympathisch für die Leistungen ihres Unternehmens werben. Der Zweckverband Abfallwirtschaft Region Hannover wählte den Schmutzgeier. Der Getränkemarkt Hol-Ab hat die Kamele zu Patentieren auserkoren, ein Hersteller von Salzlecksteinen die Tapire – die gehen für Salz meilenweit.

Parkscout-Tipp

Beispiele für Patenschaften: Flamingo – 180 Euro im Jahr inklusive einer Tageskarte. Riesenkänguru – 900 Euro inklusive zwei Jahreskarten. Gorilla – 3000 Euro inklusive vier Jahreskarten.

Parkscout-Tipp

Rund um das Thema Tierpatenschaften bietet Ihnen der Erlebnis-Zoo Hannover maßgeschneiderte Konzepte. Rufen Sie an: 0511 – 280 74 179. Es rentiert sich!

Prominente Paten

Die CDU-Chefin Angela Merkel bekam die Patenschaft für den Pinguin „Helmut" zum Geburtstag geschenkt, die NDR-Moderatorin Kerstin Werner die für Rotstirnmaki Agatha. Sie kennen auch ein Tier, das gut zu Ihrem Unternehmen passt? Sie sind Unternehmer oder möchten Ihren Chef mit einer tierisch guten Idee einfach mal begeistern? Mit Ihrer jährlichen Unterstützung leisten Sie gleichzeitig einen wertvollen Beitrag zur Bewältigung der großen Aufgabe Artenschutz. Für Ihr Engagement erhalten Sie eine Patenschaftsurkunde sowie Zoo-Eintrittskarten für sich und Ihre Mitarbeiter je nach Höhe und Umfang Ihrer Patenschaft. Wählen Sie ein Tier, das gut zu Ihrer Firmenidee oder Ihrem Logo passt – oder eines, zu dessen Arterhaltung Sie öffentlichkeitswirksam beitragen möchten.

Und nutzen Sie das positive Image des neuen Erlebnis-Zoo für sich und Ihre Werbung. Ab einem Beitrag von 600 Euro pro Jahr gibt es auch die Möglichkeit einer Patentafel, die im Eingangsbereich des Zoos platziert wird und jährlich über eine Million

Links oben: Radiomoderatorin Kerstin Werner mit ihrem Paten-Maki Agatha
Oben: Salzleckstein-Hersteller Esco hat die Patenschaft für die nach Salz verrückten Tapire übernommen.

Besucher auf Ihr Unternehmen aufmerksam macht.

HANNOVER

Für kleine Zoo-Fans

Streichelzoo

Im Land von Mullewapp

Das Streichelland Mullewapp ist eindeutig das Reich der Kinder. Schon der Eingangsbereich ist kunterbunt und abenteuerlich: Ein Hahn, eine Maus und ein Schwein bilden eine gewagte Brücke von einem Hügel auf ein Scheunendach, damit das Kalb Hugo vom Dach zu seiner Tante Milly auf den Hügel laufen kann.

Die Geschichten der drei tierischen Helden Franz von Hahn, Jonny Mauser und Waldemar des bekannten Kinderbuchautors und Zeichners Helme Heine sind überlebensgroß auf alle Fassaden gemalt und beflügeln die Phantasie der kleinen und kleinsten Zoobesucher.
Zusammen mit dem Mäusebauwagen, der uralten Badewanne, in die aus einer rostigen Gießkanne Wasser plätschert, und dem kunterbunten Wohnmobil von Zoomaskottchen Tatzi Tatz ist Mullewapp einer der schönsten Bereiche des Zoos, in dem die Kids so richtig auf ihre Kosten kommen.

Begreifen heißt verstehen – und das darf man bei Kindern manchmal sogar wörtlich nehmen. Wo haben Stadtkinder von heute noch die Gelegenheit, einem Tier nicht nur bis auf Armeslänge zu begegnen, sondern es sogar anfassen und streicheln zu können? Die Erfahrungen, die Kinder im Streichelland Mullewapp gewinnen können, sind einzigartig: Grunzt ein Hängebauchschwein genüsslich, wenn man ihm den Bauch krault? Meckert die Ziege, wenn sie nicht sofort gefüttert wird, und sucht sie vielleicht selbst nach Futter? Wie weich sind eigentlich die Lippen eines Alpakas, und was ist das überhaupt für ein Tier?

Im Streichelland Mullewapp warten wollige Alpakas, westafrikanische Zwergziegen, viet-

Franz von Hahn und Tante Milly

namesische Hängebauchschweine, zierliche Kamerunschafe und Zwergzebus – also Kühe in Miniaturformat – auf Streicheleinheiten der kleinen (und großen) Zoobesucher. Hier ist das Anfassen, das Streicheln, Striegeln und Füttern ausdrücklich erlaubt. Das passende und gesunde Tierfutter gibt es übrigens im Hofladen auf Mullewapp.

Das Maushaus

Nicht streicheln, dafür aber stundenlang beobachten kann man im Streichelland Mullewapp Familie Hausmaus. Die flinken Nager sind in den bunten Bauwagen von Jonny Mauser eingezogen.
In der liebevoll gestalteten Einrichtung flitzen die Mäuse zwischen Küchenstühlen und Regal umher, klettern an Handtüchern auf den Küchenschrank, stecken ihre Nasen vorwitzig in Schuhe und Schürzen. Und ganz klein, golden gerahmt, hängt sogar das Mäusediplom über dem Mäuseloch. Dort steht, was eine echte Hausmaus so alles können muss – suchen Sie es doch einmal, es lohnt sich! ●

Tatzi Tatz

Der Botschafter der Tiere

Was wäre der Erlebnis-Zoo Hannover ohne sein farbenfrohes Maskottchen Tatzi Tatz? Genau, es würde etwas fehlen, wenn der Freund der Kinder und Botschafter der Tiere nicht jeden Tag winkend und herzlich lachend Klein und Groß begrüßen würde.

Steckbrief

Name: Tatzi Tatz, geboren am 18. Juli 1998, Gewicht 62 Kilogramm, Größe 169 Zentimeter, Beruf Maskottchen

Arbeitet täglich von 10 bis 18 Uhr im Erlebnis-Zoo Hannover – außer im Winter, da hält Tatzi Tatz seinen Winterschlaf.

Die Geschichte des freundlichen Begleiters ist dabei genauso spannend wie überraschend. Als eines Tages die Tiere des Zoos bei ihrer Versammlung beschlossen, dass sie einen Botschafter bräuchten, war eines von vornherein klar: Es sollte einer aus ihren

Reihen sein, der alle positiven Eigenschaften der Tiere in sich vereinigt und gleichzeitig auch von allen Kindern geliebt und verstanden wird.

Vor dem Ältestenrat, der großen weisen Schildkröte, trugen alle Tiere ihre besten Eigenschaften vor. „Ich bin die Größte", behauptete stolz die Giraffe. „Aber ich bin der Stärkste", trompetete laut der Elefant. „Ich bin den Menschen am ähnlichsten", plapperte der Schimpanse.
Und jeder stampfte dabei fest auf den weichen Boden und hinterließ seine Spur. So ging es den ganzen Tag und den ganzen Abend. Doch wer war nun der am besten geeignete Botschafter? Die Stunden vergingen und die Tiere wurden immer nachdenklicher, als plötzlich ein Wind aufkam. Und siehe, dort wo eben noch die Tiere ihre Spuren in den Boden gedrückt hatten, hinterließ der Wind aus allen Pfoten-, Klauen- und Zehenabdrücken eine große Tatze. Und als es plötzlich auch noch zu regnen begann, formte sich aus diesem vermischten, gemeinsamen Abdruck unser Freund: Tatzi Tatz. Seit diesem Tag ist Tatzi der Botschafter der Tiere, der alle positiven Eigenschaften in sich vereint: schlau wie ein Fuchs, lustig wie ein Schimpanse, stolz wie ein Löwe und stark wie ein Elefant. Besonders auffällig an Tatzi Tatz ist sein kunterbuntes Aussehen. Auch sein Gesicht leuchtet in den Zoo-Farben Rot, Grün, Blau und Gelb. Und er mag am allerliebsten Kinder und Tiershows. Nur im Winter, da hält er, wie viele andere Tiere auch, seinen wohlverdienten Winterschlaf – denn auch Botschafter sind irgendwann einmal müde.

Spielplätze

Klettern, spielen, toben

Parkscout-Tipp

Nirgends lässt sich ein Kindergeburtstag aufregender feiern als in den verwunschenen Brodelbutzen auf der Brodelburg! Die hutzeligen Räume verfügen über Tisch und Bänke, lassen sich einzeln anmieten und abschließen. Fragen Sie einfach beim Zoo-Serviceteam.

Der Zoo ist ein wahres Paradies für Kinder. Überall gibt es Kletterpfade, auf denen die Kleinen toben können. Denn während Erwachsene noch lange und aufmerksam zuhören können, sind Kinder mit ihren Gedanken schon oft ganz woanders: „Ob ich auf den Baum dort klettern könnte? Wenn ich mich in diesem Gebüsch verstecke, könnte ich dann meine kleine Schwester erschrecken?“ Und so gibt es im Erlebnis-Zoo Hannover viele spannende Seitenpfade und Spielplätze: zum Klettern und Spielen geradezu unwiderstehlich.

NEU: Die Brodelburg

Geheimnisvolle Tunnel, labyrinthartige Gänge, Bäume, die von oben nach unten zu wachsen scheinen, schräge Häuser mit schiefen Wänden: Der neue große Abenteuerspielplatz „Die Brodelburg“ ist ein kunterbuntes, mit Zipfelmützen besetztes, quirliges, wasserspritzendes, verschlungenes Reich der Phantasie mit unbegrenzten Spiel- und Klettermöglichkeiten!

Mittelpunkt des Spielplatzes ist die große Brodelburg, eine meterhohe Holzburg mit lustigen Zipfelmützen und verschiedenen Ebenen, ausgerüstet mit Kletternetzen für waghalsige Eroberer und kurvigen Röhrenrutschen für den rasanten Abstieg. Verbunden ist die Brodelburg mit einem windschiefen Baumhausdorf, in dem es sich herrlich klettern und krabbeln lässt.

Neben dem Dorf steht die wundersame Wassermühle an einem verwunschenen Bachlauf. Die Mühle kann von den Kindern nur durch den unterirdischen Geheimgang erreicht werden.

Haben sie den Gang entdeckt und das Holzgebäude bis zur obersten Ebene erobert, geht es in Hochgeschwindigkeit in einer Röhrenrutsche an das Ufer des Baches. Ein plätschernder Wasserfall verdeckt den Ausgang des Geheimganges. Jetzt heißt es Kleckern, Matschen, Spielen, Spritzen, Stauseen bauen: Wasser marsch!

Hinter der Brodelburg und dem Wasserspielplatz lauert der Sumpf des Vergessens – schon viele Kinder haben hier vor lauter Klettern, Toben, Schaukeln die Zeit einfach vergessen. Kletterbrücken und Wurzelbäume, Labyrinthe, Trampoline und Schaukeln jeder Art sind unwiderstehlich – und mittendrin: das magisch anziehende Haus mit der Zaubermütze! Auf einem zwei Meter hohen Hügel thront das Haus mit Gesicht, das alle Kinder im Blick zu haben scheint. Den Eingang zum Zaubermützen-Haus muss man allerdings erst suchen. Zwei dunkle, geheimnisvolle Gänge führen in das Innere, in dem sich die Kinder wiederum durch ein Labyrinth auf zwei Ebenen finden müssen. Immer wieder gehen Schiebetüren auf und zu, Wege und Räume verändern sich ständig. Es knackt und knarrt, es scheint, das Haus lebt wirklich!

Der Abenteuerspielplatz „Die Brodelburg" mit seinen skurrilen bunten Holzbauten, Fabelwesen, Geheimnissen, Kletter- und Spielmöglichkeiten ist der ideale Platz zum Austoben – und zum Geschichten erfinden. Wer weiß, vielleicht leben in der Brodelburg ja wirklich Ritter, die gemeinsam mit den Fabelwesen aus dem Sumpf des Vergessens gegen die böse Hexe im Zaubermüt-

Neu im Zoo: Die Brodelburg

zen-Haus kämpfen – Ihre Kinder werden Ihnen vielleicht davon erzählen.

Kuschel-Wuschel

Neben dem Streichelland Mullewapp liegt der Spielplatz Kuschel-Wuschel. Mitten im großen Reich der Meerschweinchen warten Rutschen, Klettergeräte, lustige Wipp-Tiere und ein herrlicher Sandkasten auf die kleinsten Zoobesucher.

Hier wachsen riesige Möhren aus dem Boden. Einige Schritte entfernt liegt ein kleiner Kiosk, der leckere Naschereien, Eis und Getränke anbietet, wenn einmal eine Stärkung gebraucht wird. Auf Holzbänken können die Erwachsenen bequem warten, bis ihre Kinder sich im Kuschel-Wuschel-Land ausgetobt haben.

Große Trampolinanlage

Unweit der Tiershowarena gibt es eine große Trampolinanlage, auf der es sich nach Herzenslust springen und hüpfen lässt. Allerdings ist die Benutzung der Trampoline kostenpflichtig. Dafür heißt es nach Entrich-

Meerschweinchen beobachten und dann klettern, rutschen, wippen, Sandburgen bauen, oder, oder, oder... Kuschel-Wuschel eben!

tung des Obolus: Schuhe aus und losgetobt – auch sprunglustige Eltern dürfen sich versuchen. Nur das ebenfalls hüpfbegeisterte Personal der Anlage, das für die sichere Benutzung der Trampoline Sorge trägt, muss mit beiden Beinen am Boden bleiben.

Und noch viel mehr

Überall im Zoo finden die kleinen Tierfreunde ausreichend Möglichkeiten ihrem Bewegungsdrang freien Lauf zu lassen. So zum Beispiel im ehemaligen Flusspferdhaus, das heute eine Pastaria und Eisdiele und einen großen Ballpool beheimatet. Wo früher Flusspferde gemächlich im Wasser dahintrieben, können heute Kinder ein quietschbuntes Bad im Bälle-Meer nehmen.

Und selbst am Wegesrand in den einzelnen Themengebieten finden sich immer wieder Gelegenheiten, neue Abenteuer und Herausforderungen zu entdecken – seien es die Kletterpfade und Trommeln in Sambesi, die steinernen Elefanten im Dschungelpalast oder die Kletterseile auf dem Gorillaberg. Ihre Kinder werden diese Plätze sicher schnell entdecken und ausprobieren wollen – vielleicht machen Sie ja sogar mit?! ●

Rutschen und klettern macht ja soviel Spaß!
Überall im Park finden sich Gelegenheiten zum Toben für die kleinen Zoo-Fans...

THE ISLANDS

Wissenswertes

ERLEBNIS ZOO HANNOVER

Zoo online

Internetangebot und Easy Ticket

Ein besonders empfehlenswertes Angebot bietet der Erlebnis-Zoo mit seiner Internetseite www.zoo-hannover.de. Auf vielen, reich bebilderten und informativen Seiten erfährt der Besucher spannende Details über die Zoo-Tiere und aktuelle Veranstaltungen oder kann verschiedene lustige Tiermotive als elektronische Postkarte verschicken.

Es besteht außerdem die Möglichkeit, Eintrittskarten für Erwachsene, Kinder und auch Hunde online zu kaufen.

Da die Karten hierbei rund um die Uhr, an sieben Tagen in der Woche selbst ausgedruckt werden können, dürften sich diese auch besonders als Geschenk in letzter Minute eignen – denn welches Geburtstagskind ließe sich einen Zoo-Besuch entgehen? Selbstverständlich können hier auch Jahreskarten bestellt oder bereits bestehende in der Gültigkeit verlängert werden. Das erspart den ein- bis fünftägigen Postweg, da die alte Karte weiterverwendet werden kann.

Zoo-Shop-Angebot

Tierische, exotische und ausgefallene Geschenkideen – nicht nur für Kamelkumpel, Zebrafans und Nasenbären – bietet der Online-Shop des Zoos. Während die kuscheligen Stofftiere (nicht nur) Kinderherzen höher schlagen lassen, sind es besonders die kuriosen Zertifikate, die für Lacher sorgen können.

Schenken Sie Ihrem Chef auf der nächsten Firmenveranstaltung doch mal ein „Nasenbären-Zertifikat", mit dem der Zoodirektor persönlich bescheinigt, dass der Beschenkte für seinen Job einen besonders guten Riecher und die Nase immer vorne hat,

kuschelig weich ist und von Naschereien nie die Nase voll bekommt – alles natürlich bekräftigt durch einen Nasenbären-Stempel. Daneben gibt es Tassen mit lustigen Motiven, T-Shirts, Sonnenhüte, Bücher, Musik-CDs bis hin zu Pflanz-Sets, mit denen man sich zum Beispiel selbst einen kleinen Palastgarten oder einen Eukalyptushain anlegen kann.

Extra für Kinder

Der Kinderbereich der Internetseite ist besonders schön gestaltet und bietet den kleinen Tierfreunden Kurzweil

Parkscout-Tipp

Bestellen Sie einfach den Zoo-Newsletter unter www.zoo-hannover.de und Sie sind immer tierisch gut informiert!

www.zoo-hannover.de

und Lehrreiches. Neben zwei verschiedenen Memory-Spielen, bei denen die Kinder Tierlaute zuordnen und in der richtigen Reihenfolge wiedergeben müssen, gibt es noch einen tollen Stundenplan zum Ausdrucken, Informationen über die Arbeit im Zoo und natürlich die unvergessliche Geschichte von Tatzi Tatz, dem Zoomaskottchen.

Weitere Informationen

Wer noch nicht im *Erlebnis-Zoo Hannover* war und vielleicht von weiter her anreist, wird sich über den Routenplaner freuen, der einem den rechten Weg weist. Außerdem kann man hier auch gleich die aktuellen Showzeiten erfahren, um seinen Besuch schon etwas vorplanen zu können. Eine Übersichtskarte sowie Informationen zur Zoo-Ordnung und direkte Kontaktmöglichkeiten zum Zoo runden das Angebot ab.

Übernachten in Hannover

Besonders für Familien, die von weiter anreisen, um den Erlebnis-Zoo Hannover zu besuchen, lohnt es sich, mindestens eine Übernachtung einzuplanen.

Besonders zu empfehlen sind hier die Hotels der Accor Gruppe, die gleich mit 14 Hotels rund um Hannover aufwarten kann – und das für jeden Geschmack und in jeder Preisklasse. Vom günstigen Etap Hotel für den kleinen Geldbeutel über Ibis, dem preisgünstigen Marktführer im 2-Sterne-Segment bis zum Suitehotel mit 30 Quadratmeter großen Suiten zum Entspannen und Wohlfühlen.

Eine kleine Auswahl

Etap Hannover City, 101 klimatisierte Zimmer mit funktionaler Ausstattung.
Das junge Hotel direkt am Bahnhof bietet unschlagbare Preise ab 39,- Euro pro Zimmer und Nacht.

Parkscout-Tipp

Bei allen Accor Hotels sind Kinder herzlich willkommen und schlafen kostenfrei im Zimmer der Eltern (bis 12 Jahre, in Dorint und Dorint Novotel bis 16 Jahre).

Suitehotel Hannover City, 123 klimatisierte Suiten, ebenfalls am Hauptbahnhof. Die 30 Quadratmeter großen Suiten sind mit Kitchenette, großem Bad und abtrennbarem Wohn-Schlafbereich ausgestattet und bieten Entspannung für bis zu vier Personen.
Ibis Hannover Medical Park, 96 Zimmer in verkehrsgünstiger Lage. Ab 46,- Euro pro Nacht und kostenfreie Parkplätze.

Beide Bilder: Etap Hannover City

Gleich nebenan: Das *Novotel*, mit 112 geräumigen, familienfreundlichen Zimmern, gemütlichem Restaurant, Spielecke, Außenpool und Sauna.

Mercure Atrium Hannover, ein First-Class-Hotel unweit von Messegelände und Innenstadt. 217 komfortable Zimmer, Suiten und Apartments im Boardinghouse.
Biergarten und umfangreiches Wellness-Angebot stehen zur Verfügung. Im Restaurant „Ambiente" lädt der vielfach ausgezeichnete Koch-Weltmeister Marko Rankel mit seiner innovativen, leichten Küche zu kulinarischen Hochgenüssen ein.

Dorint Novotel Hannover, mit 206 lichtdurchfluteten Zimmern. Die moderne Architektur in historischer Fabrikkulisse hat ihren besonderen Charme. Das mediterrane Restaurant „Intermezzo" und die Bistrothek „Tête à TET" laden zu kulinarischen

Oben: Novotel
Unten: Dorint Novotel Hannover

Gaumenfreuden ein, während der Wellness-Bereich zum Entspannen einlädt. Der Erlebnis-Zoo ist bequem mit einer kurzen Wanderung durch den Stadtpark zu erreichen.

Parkscout-Tipp

Top-Konditionen zum besten verfügbaren Preis garantieren die Accor Hotels bei Ihrer Online-Buchung über www.accorhotels.com (Zielort Hannover).

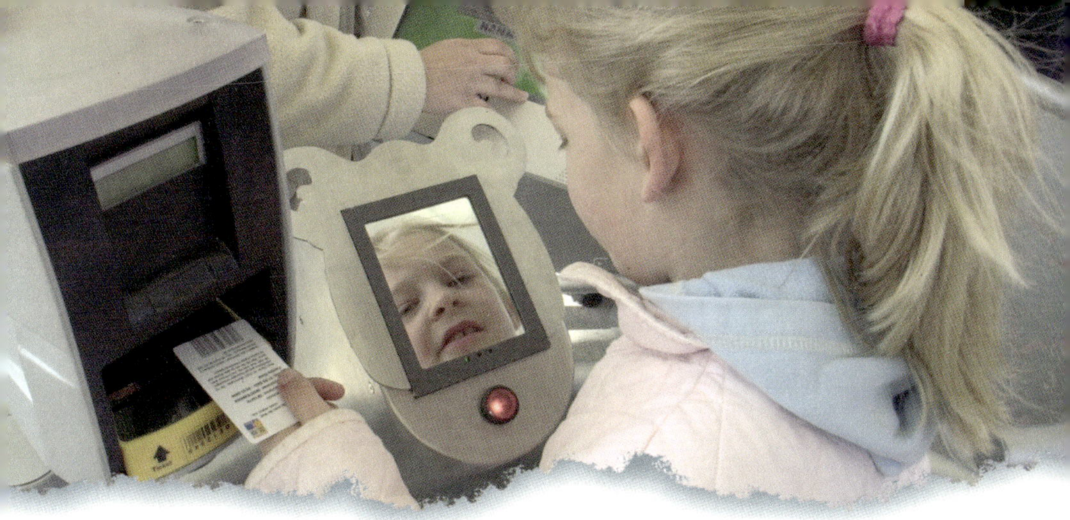

ZooCard

365 Tage Spaß mit Preisvorteil!

Mit einer Jahreskarte für den Erlebnis-Zoo haben Sie ab Kaufdatum 365 Tage lang jede Menge Spaß zu absolut günstigen Preisen. Dieses Angebot gibt es für Erwachsene, Kinder und Hunde – und eine nochmals vergünstigte Karte für Familien: Vater, Mutter und alle zur Familie gehörenden Kinder (von 4 bis 17 Jahren) bekommen eine eigene Karte! Alle zusammen zahlen nur 135 Euro.*

Das komplette ZooCard-Angebot finden Sie im Internet unter www.zoo-hannover.de. Hier können Sie Ihren „persönlichen Schlüssel zum Zoo" auch bequem online bestellen! Und wenn Sie bereits eine ZooCard haben, können Sie sie hier bequem von zuhause aus verlängern.

Smile & Go!

Logisch übrigens, dass eine ZooCard an ein und dieselbe Person gebunden ist. Modernste Technik, die kinderleicht zu bedienen ist, macht es möglich, dass der Zoo-Eingang Sie an Ihrem Lächeln erkennt. Ein Blick in den Spiegel und der Computer hat blitzschnell Ihr Gesicht erkannt!

Für Technikbegeisterte sicherlich ein äußerst interessantes Detail – aber nur ein Beispiel dafür, dass der *Erlebnis-Zoo Hannover* in allen Bereichen auf zukunftsweisende Technik setzt.

* Stand März 2005

Tier A-Z

Von Adler bis Zebra

A

Adler

Der in Nordamerika lebende Weißkopfseeadler wird bis zu 96 Zentimeter groß und 47 Jahre alt. Seinem Namen entsprechend findet man ihn vor allem in Küstengebieten, oder an Seen, wo er sich von Fischen, kleinen Vögeln und Reptilien ernährt. Das US-amerikanische Wappentier hat eine Flügelspannweite von 2,40 Metern.

Anden-Kondor > **Bild unten**

Er macht es Wissenschaftlern nicht leicht: Wurde er bislang zu den Geierarten gezählt, ist der Aasfresser doch genetisch eher mit

den Störchen verwandt. Der meisterhafte Flieger erreicht eine beachtliche Spannweite von 3,20 Metern und fliegt bis zu einer Höhe von 8 000 Metern.

Antilope > **Bild oben**

Die verschiedenen Antilopenarten reichen von solchen in Hasengröße (Dikdik) bis hin zu solchen in der Größe einer Kuh (Elenantilope). Die Hornträger leben in Asien und Afrika und laufen und spielen fast den ganzen Tag miteinander. Der *Erlebnis-Zoo Hannover* ist besonders stolz auf seine Zuchterfolge bei den Addax. 84 Antilopen wurden bereits wieder in ihrer ursprünglichen Heimat in Nordafrika ausgewildert.

B

Bartkauz > Bild unten

Der Verwandte der Eule lebt in den Nadelwäldern Nordamerikas, Europas und Asiens. Bartkäuze können hervorragend sehen, was bei der Jagd nach Wühlmäusen und anderen kleinen Nagetieren sehr von Vorteil ist. Da die Augen des Bartkauzes starr in den Augenhöhlen liegen, muss er seinen Kopf um bis zu 180 Grad drehen.

Bison

Imposante 3,80 Meter Körperlänge und 1,80 Meter Höhe erreichen diese mächtigsten Säugetiere des amerikanischen Kontinents. Trotz eines Lebendgewichtes von bis zu 800 Kilogramm gallopiert ein ausgewachsener Bulle bis zu 50 Kilometer in der Stunde und kann hervorragend schwimmen.

Braunbär > Bild oben

Der pelzige Allesfresser ist ein Einzelgänger und kann in menschlicher Obhut bis zu 45 Jahre alt werden. Honig lieben die Vorbilder des Teddybären über alles und plündern daher auf ihren weiten Wanderungen so manchen Bienenstock. Während des Winterschlafes, der durchaus auch mal viereinhalb Monate dauern kann, müssen die Bären allerdings auf diese Leckerei verzichten.

C

Chinesischer Muntjak

Die winzige Hirschart wird nur bis zu 40 Zentimetern hoch und wiegt ausgewachsen etwa 11 Kilogramm. Wegen ihrer kläffenden Rufe, die sie bei gewitterten Gefahren ausstoßen, werden die Muntjaks auch „Bellhirsche" genannt. Während große Hirsche ihre Machtkämpfe mit ihren Geweihen austragen, drohen Muntjak-Böcke mit ihren scharfen Eckzähnen.

Von Adler bis Zebra

D

Drill > Bild unten

Der vom Aussterben bedrohte Drill lebt in den afrikanischen Regenwäldern. Neben pflanzlicher Nahrung in Form von Früchten, Blättern und Nüssen verachtet der Drill auch kleine wirbellose Tiere nicht.
In Gefahrensituationen nimmt es die wehrhafte Drill-Gruppe auch schon einmal mit Raubtieren auf.

Dromedar

Das in Arabien und Nordafrika lebende Großkamel hat nur einen Höcker, den es als Fettspeicher nutzt. Schon seit 4000 Jahren wird das „Wüstenschiff“ als Last- und Reittier genutzt, nicht zuletzt, da die edlen Tiere außerordentlich ausdauernd sind: Sie kommen wochenlang ohne Wasser aus, fressen selbst harte, dornige Pflanzen – tragen aber bis zu 150 Kilogramm und laufen bis zu 80 Kilometer an einem Tag.

E

Elefant > Bild oben

Der Asiatische Elefant lebt in den Wäldern Asiens und wird bis zu 60 Jahre alt. Die gemütlichen Dickhäuter mit dem sprichwörtlich guten Gedächtnis baden außerordentlich gerne. Seine Nahrung, die gewaltige 250 Kilogramm am Tag umfasst, greift der Asiatische Elefant mit seinem Rüssel, an dem er eine Art Finger hat.

Emu

Der flugunfähige Vogel lebt in Australien. Die Lieblingsbeschäftigung des bis zu 1,90 Meter großen Vogels ist das Fressen, womit er wohl die meiste Zeit des Tages beschäftigt ist. Die Höchstgeschwindigkeit des Emus liegt bei etwa 48 Stundenkilometern – lässt er es dagegen gemütlicher angehen, schafft er mit seinen weiten Schritten etwa sieben Kilometer je Stunde.

Erdmännchen > Bild rechts

Die geselligen Tiere, die meist in etwa 30 Köpfe zählenden Familien leben, sind in Südafrika, Angola, Namibia und Botswana zuhause. In menschlicher Obhut werden die Erdmännchen oder Surikaten, wie die possierlichen Tierchen auch heißen, bis zu zwölf Jahre alt. Als Wachdienst wären Erdmännchen ihr Geld sicher wert – ständig hat ein Aussichtsposten die Umgebung im Visier und meldet Greifvögel, die dem Bau gefährlich werden könnten.

F

Faultier

Das in Südamerika lebende Faultier hat die Gemütlichkeit erfunden. Wenn es nicht gerade sein 20-stündiges Schläfchen hält, frisst es einige Blätter – die ihm am besten in den Mund wachsen sollten. Im Zoo dürfen es dann auch schon mal Eier, Salat und Obst sein, die in aller Ruhe verspeist werden. Im Fell des Faultieres wachsen sogar Algen, die sich mit ihrem grünlichen Schimmer als tolle Tarnfarbe in den Baumwipfeln erweisen. Somit können die Tiere weitgehend unbehelligt den ganzen Tag rumhängen – im wahrsten Sinne.

Flamingo > Bild links

Der Vogel mit seiner unverwechselbaren Schlafhaltung auf einem Bein stehend, kann über 30 Jahre alt werden. Zuhause ist der Flamingo in Mittel- und Südamerika, Afrika, Südeuropa und Indien.
Sein rosafarbenes Gefieder wird übrigens durch den Farbstoff Karotin verursacht, den der Flamingo mit seiner Leibspeise (Krebse und Algen) aufnimmt.

Von Adler bis Zebra

Flusspferd

Das größte Süßwassersäugetier der Welt bringt drei Tonnen Körpergewicht auf die Waage. Bei seinen nächtlichen Wanderungen zur Futtersuche (ein ausgewachsenes Flusspferd frisst immerhin circa 40 Kilogramm Gras am Tag) legt es manchmal fünf oder mehr Kilometer zurück. Tagsüber, wenn es an Land zu warm ist, zieht es sich in das Nass zurück um zu dösen.

G

Gazelle

Die Heimat der schnellen Meister im Hakenschlagen sind Afrika und Asien. Fast 60 Kilometer in der Stunde erreicht die Gazelle – das muss sie auch, wenn sie schnellen Jägern entkommen will.

Geier > Bild links oben

Aasfresser wie der Geier leisten in der Natur einen wichtigen Dienst: So bleibt die Umwelt sauber. Bis vor einigen hundert Jahren war der Gänsegeier auch in Deutschland zuhause. Heute findet man ihn in Süd- und Osteuropa, Nordafrika und Asien.

Gepard > Bild rechts oben

Das schnellste Landsäugetier der Erde erreicht eine unglaubliche Geschwindigkeit von über 100 Stundenkilometer, kann dafür aber schlechter klettern als andere Katzenarten. Somit ist der Gepard auf Beutetiere angewiesen, die er im Sprint erlegen kann.

Gibbon

Mit seinen überlangen Armen hangelt sich der bis zu 64 Zentimeter große Affe von Ast zu Ast. Der extrem wasserscheue Gibbon gehört zur Familie der Menschenaffen und ist in Vietnam und Südostasien zuhause.

Giraffe

Das Huftier mit dem langen Hals erreicht eine Höhe von bis zu sechs Metern. Mit ihrer blauen, bis zu 50 Zentimeter langen und unheimlich geschickten Zunge erreicht die Giraffe auch die höchsten Blätter. Mit Vorliebe frisst sie dornige Akazienblätter.

Gorilla

Der absolut friedliche Vegetarier ist der größte Menschenaffe und lebt hauptsächlich auf dem Boden der immergrünen Regenwälder Afrikas. Bei erwachsenen Männchen wird die Rückenfellfarbe silbergrau. „Silberrücken" verteidigen ihre Familie selbst gegen gefährliche Feinde wie den Leoparden.

H

Haubenlangur > Bild rechts

Malaysia, Java, Sumatra und Thailand sind die Heimat der sehr schlank und zierlich gebauten Affenart. Die Leibspeise der Languren sind Blätter, die leider nicht das ganze Jahr in Deutschland zu bekommen sind und deshalb im Sommer in großer Menge eingefroren werden.

Haustiere

Die domestizierten Tierarten wurden vor Jahrtausenden von den Menschen gezähmt und für die Versorgung mit Milch, Fleisch oder Wolle gezüchtet. Im *Erlebnis-Zoo Hannover* leben sehr seltene Rassen der Schweine, Kühe, Ziegen, Schafe, Ponys und Gänse.

Hornrabe > Bild unten

Der bis zu einen Meter große Rabe lebt in Afrika und frisst am liebsten große Insekten, kleine Wirbeltiere, Früchte und Erdnüsse.

Von Adler bis Zebra

Wegen seines ungewöhnlich geformten Schnabels zählt man ihn zur Familie der Nashornvögel.

Hulman-Langur > Bild unten

Seine Heimat sind alle Klima- und Vegetationszonen Indiens. Dort leben diese Affen oft in alten Tempelanlagen und werden als heilige Tiere verehrt.

K

Kaffernbüffel

In seiner Heimat, der südlichen Sahara, sieht man den bis zu 600 Kilogramm schweren Büffel meist in Begleitung eines Kuhreihers. Dieser befreit „seinen" Büffel von Ungeziefer. Kaffernbüffel fackeln übrigens nicht lange, wenn sie sich bedroht fühlen, und greifen ohne zu zögern an.

Känguru > Bild oben

Das bekannteste Beuteltier, das rote Riesenkänguru, lebt in Australien. Auf kurzen Strecken springt ein Känguru bis zu 80 Stundenkilometer schnell. Auch die Sprunghöhe von einem Meter und die Weite von drei Metern sind beachtlich.

Katta > Bild unten

Die Halbaffenart schnurrt wie eine Katze und lebt auf Madagaskar. Wenn der Katta nicht gerade frisst (Feigen des Feigenkaktus und Bananen gehören zu seiner Leibspeise), dann sonnt er sich regelrecht und streckt alle Viere von sich.

Kranich

Hauptsächlich in Afrika und Asien zuhause ist der Kranich aber sonst fast auf der ganzen Welt anzutreffen.
Die grazilen Stelzvögel mit den langen Beinen und dem langem Hals, den sie beim Fliegen weit ausstrecken, ernähren sich von Pflanzen, Insekten, Schlangen, Eidechsen, Fischen und Fröschen.

Kuhreiher > Bild oben links

Oft auf dem Rücken großer Tiere anzutreffen (siehe Kaffernbüffel), ist der Reiher inzwischen auf der ganzen Welt verbreitet. Die „Wirte" freuen sich darüber, dass der Kuhreiher sie von lästigen Parasiten befreit – und der Vogel wird satt.

L

Lama > Bild rechts

Mit seinen rutschfesten Sohlen ist der Verwandte der Kamele (allerdings ohne Höcker) in seiner Heimat, der Bergwelt der Anden, trittsicher unterwegs. Manche Lama-Arten sind wegen ihrer besonders feinen Wolle begehrt – andere einfach nur, weil sie genügsame Lasttiere sind.

Leopard > Bild oben rechts

Wohl fühlt er sich fast überall: ob im Gebirge oder Flachland Afrikas oder Asiens. Der Leopard jagt Affen sowie Boden-Vögel und auch kleinere Huftiere machen ihm Appetit. Zum Fressen ziehen sich die Katzen mit ihrer bis anderthalb mal so schweren Beute gerne in einen hohen Baum zurück.

Von Adler bis Zebra

Lisztaffe > Bild unten links

Der Neuweltaffe lebt im tiefsten Regenwald Nordkolumbiens. Er ernährt sich von Blättern, Früchten, Insekten, Eidechsen, aber auch dem einen oder anderen Baumfrosch. Hüten muss sich das Äffchen, das übrigens höchstens 450 Gramm schwer wird, vor allem vor Raubkatzen, Greifvögeln und sogar vor Schlangen.

Löwe

Der König der Tiere lebt in Afrika und Indien. Löwen sind, wie andere Katzen auch, Jäger der Nacht. Sie haben Katzenaugen: Eine besondere Schicht hinter der Netzhaut reflektiert das einfallende Licht. Somit sieht der Löwe auch nachts recht gut.

Lori

Die kleine Papageienart mit dem markanten blauen Kopf frisst hauptsächlich Pollen und Nektar, bedient sich aber auch an Früchten und Insekten seiner Heimat Indonesien, Neuguinea und Australien.

M

Mara > Bild oben

Der Mara oder Pampashase, wie er auch genannt wird, ist mehr mit dem Meerschweinchen verwandt als mit einem Hasen. Maras können nicht nur sehr schnell laufen und springen, sie graben auch gemütliche Wohnhöhlen, in denen sie ihre Jungen aufziehen.

Marabu

Der Verwandte der Störche lebt in Afrika und hat eine Flügelspannweite von zwei bis drei Metern. Der Aasfresser hat genau wie die Geier einen nackten Hals, was ihn nicht unbedingt schöner wirken lässt. Umso beeindruckender sieht es aus, wenn er durch die Lüfte segelt.

Meerschweinchen

Das in Deutschland sehr beliebte Haustier stammt ursprünglich aus Südamerika. Seit mindestens 3000 Jahren werden Meerschweinchen in Peru als Fleischlieferanten gehalten – ähnlich dem europäischen Kaninchen.

N

Nandu > Bild unten links

Wie kleine Strauße sehen sie aus und sind genau so flugunfähig, aber dafür ausdauernde Läufer. Nandus leben in Südamerika und ernähren sich von Gräsern, Kräutern, Insekten und kleinen Nagetieren.

Nasenbär > Bild unten rechts

Der in Süd- und Mittelamerika beheimatete Nasenbär ernährt sich von Früchten, Eiern, Fröschen, Eidechsen und Insekten. Mit seiner feinen Nase sucht er unter Baumrinde oder im Boden nach Nahrung, und im Falle einer Bedrohung ist er dank seiner Krallen so schnell auf einen Baum geklettert, dass selbst Affen neidisch werden.

Nimmersatt

Ebenfalls zur Familie der Störche gehört der Nimmersatt. Der in Afrika und Indien lebende Vogel stochert bei der Nahrungssuche mit seinem langen Schnabel im Uferschlamm herum. Wie die meisten Störche ist er ein ausgezeichneter Flieger.

O

Orang-Utan

In Sumatra und Borneo, wo die Orang-Utans zuhause sind, bauen sie ihre Schlafnester mit Vorliebe an Orten mit schöner Aussicht. Hier oben fühlen sie sich wohler als auf dem Boden, wo die friedlichen Menschenaffen Raubtieren ausgeliefert wären.

Von Adler bis Zebra

P

Panda (Kleiner Panda)

Der Kleine Panda, in seiner nepalesischen Heimat auch „Bambusfresser" genannt, ist deutlich kleiner als sein schwarz-weiß gefärbter Verwandter. Die Vorliebe für Bambus hat der einzige Vertreter der Gattung Katzenbär aber mit diesem gemein.

Pelikan

Der Rosa Pelikan gehört zu der Familie der Ruderfüßer. Seine Heimat sind Europa, Australien, Afrika und Asien, wo er an Seen, am Meer und Flüssen in großen Kolonien lebt. Auch wenn Pelikane ausgezeichnete Flieger sind, haben sie doch beim Starten erhebliche Probleme.

Pfau > Bild oben

Beheimatet auf dem indischen Subkontinent, zählt der Pfau zu den größeren Vertretern der Hühnervögel. Die Schwanzfedern des männlichen Pfaus sind über einen Meter lang und werden stolz zu einem prächtigen Rad aufgeschlagen.

Pinguin > Bild links

Nicht nur in der Antarktis, sondern auch in den gemäßigteren Zonen der südlichen Halbkugel ist der Pinguin zuhause. Der Vogel, der nicht fliegen, dafür umso besser schwimmen kann, verlässt das Meer aber nur während der Mauser und zum Brüten.

Python

Pythonschlangen leben auf Bäumen und in Höhlen der afrikanischen und australischen Kontinente. Die anderthalb bis neun Meter langen Schlangen haben keine Giftzähne, sondern erlegen ihre Beute durch Ersticken.

Rotstirnmaki
> Bild oben rechts

Auf Madagaskar, der Heimat der Rotstirnmakis, hielt man die Lemurenart aufgrund ihrer leuchtenden Augen und furchtbaren Schreie in der Nacht lange Zeit für gefährliche Geister. Der Name Lemuren stammt von den alten Römern: Lemuren waren die Geister der Verstorbenen, die umherwanderten. Das war der beste Schutz, den die Makis sich wünschen konnten – sie durften auf keinen Fall gejagt werden.

R

Rentier

Das Rentier, oder auch Karibu, lebt in Herden im nördlichen Eurasien und in Nordamerika und hat, gemessen an seiner Körpergröße, das größte Geweih aller Hirscharten. Außerdem ist dies die einzige Hirschart, bei der auch die weiblichen Tiere ein Geweih tragen.

S

Schildkröte
> Bild oben links

Die Seychellen-Riesenschildkröte lebt heute fast nur noch auf Aldabra, wiegt bis zu viereinhalb Zentner und kann 200 Jahre alt werden. Leider ist sie, wie die meisten Riesenschildkröten, trotz intensiver Schutzbemühungen vom Aussterben bedroht.

Von Adler bis Zebra

Schimpanse

Der drittgrößte Menschenaffe frisst Früchte, Insekten sowie gelegentlich kleinere Affen und kleine Antilopen. Um an schmackhafte Termiten oder Ameisen zu gelangen, benutzt der Schimpanse sogar einfache Werkzeuge wie Äste, mit denen er die Krabbler aus dem Bau angelt.

Schnee-Eule > Bild rechts

Zuhause in den Polargebieten von Europa, Asien und Amerika ist der fast schneeweiße Vogel gut getarnt. Hier ernährt er sich vor allem von Lemmingen und kleinen Nagern. Im Gegensatz zu den meisten anderen Eulenarten ist die Schnee-Eule tagaktiv – angepasst an die langen Polartage.

Seelöwe > Bild links unten

Die Verwandten der Ohrenrobben leben an Nord- und Mittelamerikas Pazifikküste und können übrigens nicht direkt von Natur aus schwimmen, sondern müssen dies erst lernen. Alle Robben sind Fleischfresser und verspeisen vor allem Fisch und Schalentiere, manchmal sogar Pinguine – zum Glück nicht im Zoo!

Somali-Wildesel

Wie der Name verrät, lebt der Vorfahre unserer Hausesel vor allem in Somalia und Äthiopien. An das Leben in der Wüste angepasst, frisst er Gräser, Dornenbüsche und kann tagelang ohne Wasser auskommen.

Spitzmaulnashorn

Das extrem kurzsichtige Tier wohnt in den Buschsteppen des östlichen und südlichen Afrika. Dass es mit seinem Gewicht von bis zu zwei Tonnen fast 45 Stundenkilometer schnell rennen kann, glaubt man kaum.

Strauß > Bild oben links

Der mit 150 Kilogramm schwerste und größte Vogel kann nicht fliegen, aber läuft dafür ausdauernd bis zu 65 Stundenkilometer. Da haben Raubtiere kaum eine Chance.

T

Tapir (Flachlandtapir) > Bild unten links

Mit seinem Rüssel fällt der Bewohner von Südamerikas Regen- und Buschwäldern auf. Mit dem Rüssel riecht er nicht nur besonders gut, er kann ihn sogar zum Greifen von Blättern und Sprossen verwenden – fast wie ein Elefant, nur eben viel kleiner.

Tatzi Tatz > Bild oben rechts

Ein wenig an Frosch, Fuchs oder Bär erinnernd, ist Tatzi Tatz doch eine Mischung aller Tiere der Welt. Der Botschafter der Tiere im *Erlebnis-Zoo Hannover* stammt aus der Familie der Maskottchen und liebt Kinder und Tiershows.

Von Adler bis Zebra

Tiger > Bild unten

Der Sibirische Tiger lebt vor allem in Ostsibirien. Mit seinem fast drei Meter langen und bis 280 Kilogramm schweren Körper geht er auf die Jagd nach Wildrindern, Antilopen, Hirschen oder auch mal nach einem Frosch oder einer Heuschrecke, wenn der kleine Hunger kommt. Im Gegensatz zu den meisten anderen Katzen liebt der Sibirische Tiger Wasser geradezu.

Trampeltier

Die letzten wilden Trampeltiere findet man in der Wüste Gobi – ansonsten handelt es sich meist nur um ausgebüchste Haustiere. Im Gegensatz zu seinem Verwandten, dem Dromedar, hat das Trampeltier zwei Höcker. Mit seinen langen Augenbrauen und verschließbaren Nüstern ist es wunderbar an das Leben in der Wüste angepasst, in der auch schon mal ein Sandsturm lauert.

U

Uhu > Bild unten

Die alten Griechen verehrten die Eulen wegen ihrer Sehstärke, von der sie auch auf großen Verstand schlossen. Bis heute ist der Vogel, der in Eurasien, Nordafrika und im arabischen Raum zuhause ist, das Wappentier der Buchhändler. Besser aber noch als die lichtempfindlichen Augen ist der Hör-

sinn entwickelt, mit dem der Uhu zum perfekten Nachtjäger wird.

Uromastyx > Bild oben

Das wechselwarme Reptil lebt vor allem in den Wüstenregionen Nordafrikas und Südwestasiens. Wie das Chamäleon kann der Uromastyx seine Farbe ändern, um zum Beispiel mit einem schwarzen Schuppenkleid besser Sonne tanken zu können oder mit heller Farbe Abkühlung zu finden.

W

Walross

Der torpedoförmige Körper des guten Tauchers und Schwimmers wird bis zu vier Meter lang und 1600 Kilogramm schwer. Seine riesigen Eckzähne wachsen zeitlebens und erreichen nicht selten eine Länge von einem Meter.

Wasserschwein > Bild rechts oben

Der riesige Verwandte des Meerschweinchens lebt in den Urwäldern und Grassteppen Südamerikas und wird fast 65 Kilogramm schwer. Das größte Nagetier wird von den Indianern auch Capybara genannt, was soviel bedeutet wie „Herr des Grases".

Watvögel > Bild links

Die Limikolen genannten Vögel findet man heute fast überall, wo es seichte Gewässer gibt. Mit den Stelzenbeinen waten sie durch das Wasser und erbeuten mit ihren Schnäbeln Würmer, Insekten und kleine Fische.

Watussi-Rind > Bild rechts unten

Das Rind mit den auffällig riesigen Hörnern wird von vielen afrikanischen Stämmen nur zu Kultzwecken gehalten und nicht etwa, um es zu schlachten. Außer der Milch wird jedoch häufig auch das Blut der Tiere getrunken, während der Dung als Brennmaterial verwendet wird.

Wolf > Bild nächste Seite oben links

Der Urahn des besten Freundes des Menschen lebt vor allem in gemäßigten Teilen

Asiens, Nordamerikas und Europas. Wohl fühlt er sich vor allem in ausgedehnten Wäldern, Buschsteppen und Moorgebieten, wo er Jagd auf Rentiere, Moschusochsen, Biber und andere Tiere macht.

Wombat > Bild unten

Weil sich die possierlichen Tiere aus Australien so schwerfällig bewegen und plump erscheinen, heißen sie auch Plumpbeutler.

Mit seinen kleinen Knopfaugen sieht der Wombat wohl genau so schlecht wie ein Maulwurf, mit dem er seine größte Vorliebe teilt: Wombats graben für ihr Leben gern und legen unterirdische Höhlen an.

Z

Zebra > Bild rechts oben

Die auffällig gestreiften Muster der Zebras sind, ähnlich dem menschlichen Fingerabdruck, jeweils einzigartig. Die geselligen Tiere leben meist in Herden von 20 Artgenossen, mit denen sie durch die Grasländer südlich der Sahara ziehen. Als besonderen Freundschaftsdienst beknabbern sich die Zebras gegenseitig den Rücken, wenn es einmal richtig juckt.

Neu im Zoo ab Sommer 2005

Bergzebra

Was finden Sie wo?

Was finden Sie wo?

Quellennachweis

Der Artikel zur Historie des Erlebnis-Zoos Hannover beruht teilweise auf „Ein Garten für Menschen und Tiere – 125 Jahre Zoo Hannover" von Lothar Dittrich und Annelore Rieke-Müller, erschienen in der Verlagsgesellschaft Grütter – ISBN 3-9801063-2-2

Bildnachweis/Impressum

Alle Abbildungen wurden vom Zoo-Hannover und Parkscout bereitgestellt. Das Copyright liegt bei den einzelnen Fotografen. Der Erlebnis-Zoo Hannover bedankt sich besonders bei den Fotografinnen Marianne Laws und Renate Rieger.

Konzeption, Redaktion und Herstellung:
Parkscout, Wuppertal
Gedruckt auf chlorfrei gebleichtem Papier

Printed in Spain
ISBN 3-88973-870-2